대머리가 두려운 남자 주름살이 무서운 여자

남과 여의 진화 — 모든 것은 착각에서 시작했다

대머리가 두려운 남자 주름살이 무서운 여자

다케우치 구미코 지음
조원준 옮김

itBook

|차례|

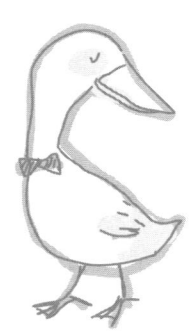

탕탕

일러두기

· 본문 중 「*」 표시는 독자의 이해를 위한 편집자 주(註)를 달아두었음을 의미합니다.
· 본문에 나오는 동물 등에 관한 그림은 본사 홈페이지
  (www.nbook.seoul.kr/view.html)에서 보실 수 있습니다.

여자는 왜 주름을 무서워할까?

내가 지금 가장 두려워하는 것, 그것은 앞으로 몇 년
만 지나면 내 몸 여기저기에 급격한 아줌마화 현상이 일
어나기 시작하고, 갈팡질팡하는 사이에 이 세상 최악의
동물로 변해버리지 않을까 하는 것이다. 이런 이야기를
하면 또 사람들의 미움을 살지도 모르겠다. 그도 그럴
것이 전에 남자의 대머리에 관해 사실대로 말했더니, 얼
마 안 되어 많은 이성 친구들과 서먹해지고 말았기 때문
이다(대머리의 이유에 관해서는 이 책의 「후기를 대신하
여」를 참조).

인간의 행동과 생태에 대한 본질적인 부분을 이야기
하려고 하면 어김없이 그렇게 되고 만다. 하지만 난 이
미 각오했다. 사실을 있는 그대로 말했다고 해서 미움을
받는다면, 그거야말로 내가 바라던 바이다!

말은 이렇게 해도, 세간의 눈초리는 무섭다. 당연히
있으리라 예상되는, 같은 여자들이 보낼 차가운 시선이
두렵기도 하지만, 그래도 대머리 얘기에 대해 남성분들
께 사과하는 의미를 조금 담아 「여자의 주름」에 대한 수
수께끼로 다가가 보겠다.

남자든 여자든 모두 주름은 생긴다. 그렇지만 여자가

새로운 주름을 발견했을 때 얼마나 큰 충격을 받는지 남
자는 모른다. 남자는 자신의 외모 중에 모발에 대해서는
엄청난 관심을 쏟지만, 주름에는 별로 관심을 두지 않는
다. 분한 일이지만, 남자의 눈가 주름은 때로는 은근한
멋을 높이고 섹시함까지 연출해버리지 않는가! 어쩌면
이렇게 불공평한 일이 있을 수 있을까.

암컷 침팬지의 엉덩이에는 성피(性皮)라 하는, 털가죽
대신 피부가 드러난 부분이 있다. 암컷은 약 37일의 발
정주기를 가지는데, 그중 10일 정도는 이 부분이 빨갛고
크게 부풀어 오른다. 즉, 발정하는 것이다. 침팬지는 복
수의 수컷과 복수의 암컷, 그리고 새끼들로 구성된
30~80마리 정도의 대집단을 이루어 생활하는데, 그 때
문인지 집단 내부에서는 대개 난혼(亂婚)이 이루어진다.
암컷은 이 성피를 부풀려 발정했다는 사실을 확실하게
광고하고, 수컷들은 그 거대하게 부푼 성피에 홀딱 반한
양, 마운트*하여 교미하는 것이다.

어떤 암컷이 인기가 있을까? 얼굴이나 몸매 좋은 놈이
아니다. 그렇다고 해서 성격 좋은 놈도 아닌 것 같다. 일

---

*mount. 수컷 동물이 암컷 뒤에서 말 타듯 올라타는 행동.

단 눈에 띄는 경향은 젊은 암컷보다는 중년 암컷에게 인기가 집중된다는 점이다. 젊은 아가씨들이라면 끔벅 죽는 인간 중년 남자들로서는 얼른 믿어지지 않을 일이겠지만, 수컷 침팬지 입장에서 보면 그런 남자들이야말로 이해할 수 없는 무리인 것이다. 암컷 침팬지에게는 폐경이라는 것이 없어서 상당히 늙을 때까지 출산을 계속하며 고령 출산으로 인한 모체의 위험도 없어 보인다. 그렇다면 출산과 육아에 숙달된 중년 암컷을 선택하는 편이 수컷 입장에서는 그만큼 유리한 일이다. 물론 그들이 그런 사실을 이해하고 있을 리는 없다. 침팬지의 긴 진화 역사 속에서 우연히 혼기가 지난 중년 암컷을 선호하는 유전적 성질을 가진 수컷이 그렇지 않은 수컷보다 조금이라도 더 많은 자손을 남겨왔고, 그것이 되풀이된 결과로 언제부터인가 혼기 지난 중년 암컷을 좋아하는 수컷이 다수파가 된 것이다.

또 다른 암컷의 커다란 매력은 발정했을 때 성피가 얼마나 잘 부풀어 올라 있느냐이다. 탱탱한 엉덩이는 인간 사내들의 감각에도 딱 맞는지, 남성 연구자들은 마치 약속이나 한 듯이 이렇게 말한다.

「우리가 봐도, 저 녀석, 엉덩이 멋진걸 하는 느낌의 암컷이 인기가 있어요」

단, 그것은 발정했을 때의 이야기일 뿐이다. 암컷은 발정기와 비발정기에 완전히 판이한 생활을 한다. 발정해서 매력적일 때에는 수컷들이 있는 대로 알랑거린다. 암컷들도 그 점을 익히 알고 이용한다. 발정해 있으니까 맛있는 음식도 독차지할 수 있다는 식이다.

그런데 발정이 가라앉고 성피가 오그라들면 암컷에 대한 수컷의 태도는 싹 변한다. 딱하게도 이런 기복 심한 생활이 암컷 침팬지의 운명인 것이다.

한편 인간 여자에게는 월경 주기가 있을망정 발정 주기는 없다. 여자는 물리적으로 불가능한 일정 시기를 빼면 거의 대부분 언제라도 「교미」가 가능하다. 인간이란, 암컷이 항상 발정 상태로 있게 된 최초의 원숭이라는 말이다.

또 여자의 유방은 단순한 수유기관이 아닌, 성(性)적 신호(signal)이기도 하다. 누구나 직감적으로 알고 있는 사실이지만, 그 이유를 조금 배운 척 설명하면 이렇게 된다.

우선 유방은 젖먹일 필요가 없을 때에도 부풀어 있다. 또 임신, 출산과 함께 약간은 수유기관으로서의 책임을

갖는 척하지만, 형태와 크기가 다를망정 여전히 수유에
적합하다고는 볼 수 없다. 데스먼드 모리스*는 아기들이
짧은 젖꼭지를 빨려고 애를 쓰면 쓸수록 낮은 코가 유방
에 파묻히기 때문에 질식 위험에 처한다고 말한 적이 있
다. 여자가 아기들을 고려했다면 유인원이나 원숭이류
암컷처럼 편평한 유방에 기다란 유두가 우뚝 솟은 구조
로 진화되었어야 마땅하다. 하지만 유방은 수유 이외의
목적을 갖고 있기 때문에 본래의 기능에는 상당한 지장
을 초래하고 있는 것이다.

그러면 그 수유 이외의 목적이란 무엇일까? 알다시피
인간은, 인간이 되는 과정에서 서서히 직립하여 두 발로
걷게 되었다. 그리고 그와 동시에 엉덩이가 눈에 두드러
지지 않게 되었을 뿐 아니라 여성의 성기 위치에도 변화
가 생겨 평상시에는 잘 보이지 않는 위치로 이동하게 되
었다. 몸 앞쪽에도 성적 신호를 갖출 필요가 생겼지만,
새로운 부속물을 개발할 여유는 없었다. 그래서 이미 있
는 것을 개량하게 되었는데, 그러기에 유방은 실로 좋은
조건을 갖추고 있었다. 위치도 절묘하고, 무엇보다도 지

---

*영국의 동물행동학자. 국내에는 「털 없는 원숭이」의 저자로 알려져 있다.

방 조직을 잔뜩 발달시키기만 해도 엉덩이를 **빼닮을** 수 있으니 말이다. 이렇게 해서 유방은 수유기관이면서 동시에 성적 신호로서의 역할도 담당하게 된 것이다.

그렇게 생각해보면, 인간의 몸 곳곳에 성적 신호로서의 손질이 더해져 있음을 알 수 있다. 얼굴은 특히 그러한 것들이 밀집된 곳으로, 예를 들어 여자의 입술에 대해 남자들이 멋대로 상상하게 되고 마는 것 역시 그것이 성적 신호이기 때문에 비롯된 것이다. 반면 남자의 얼굴에서는 코에 대해 이러쿵저러쿵 말이 많은데, 그것도 똑같은 이유에 의한 듯하다. 오해하지 않았으면 하는데, 나는 사람의 입술이나 코가 그것들이 흉내(擬態) 내고 있는 것과 형태적인 상관관계를 가지고 있다고 말하는 것도 아니거니와, 없다고 말하는 것도 아니다. 흉내(擬態)라는 것이 그 오리지널에 반드시 「정직」해야 할 필요는 없기 때문이다.

그럼 슬슬 본론으로 들어가자. 주름이란 대체 무엇인가?

여기까지 생각한 나는 주름이 생겨 늘어져 보이는 얼굴은 침팬지의 오그라든 성피와 그 유래를 같이 하는 신호가 아닐까, 하는 결론에 다다랐다. 주름은 성적 신호가 밀집된 얼굴에 생기기 쉽다. 아니 다른 부분에는 생겼다 한들 얼굴 주름만큼 눈에 뜨이지 않는다고 하는 것이 옳을지도 모르겠다. 어쨌거나, 얼굴의 주름이 특히 문제시되는 것만은 분명하다. 눈과 입 주변의 주름은 몸이 아무리 뚱뚱하더라도 그것과는 거의 무관하게 늘어나기만 한다. 주름은 인간의 얼굴을 흡사 침팬지의 오그라든 성피처럼 보이게 하는 특수 분장이 아닐까? 그리고 잔혹하게도 그것은 그녀의 「발정」이 끝났음을 세상에 널리 알리고 마는 것이다. 주름에 대한 고민이 여자에게만 특별히 존재하는 이유도 이로써 설명할 수 있지 않을까?

생각해보면, 인간 여성에게는 암컷 침팬지처럼 수십 일 단위로 인기가 오르거나 떨어지는 소소한 파란은 없다. 대신 젊은 시절 뭇 남성들을 알랑거리게 만들던 것이 중년이 되면 외상 장부가 되어 턱 하니 돌아오게 된다. 그리고 그 외상은 갚아도 갚아도 장부에 남는다.

인간사 무상함은 이런 데서도 비롯되는 것이리라.

왜 키 큰 남자가 인기일까?

「컴퓨터 시스템에 의한 결혼 상담 - 당신에게 딱 맞는 파트너를 찾아드립니다」

일전에 산 문고판 책에조차 이런 광고 엽서가 끼워져 있었다. 뭉쳐서 휴지통에 냅다 던지려다가, 버리기 전에 한번 훑어보았다. 그랬더니 「희망하는 남성의 조건」란에 이렇게 쓰여 있었다.

① 월수입 □ □ □ 만 원 이상
② 최종 학력〔중졸, 고졸, 대졸, 대학원졸〕(하나만 골라 ○ 표시)
③ 시부모와의 동거는〔희망한다, 희망하지 않는다, 상관없다〕(하나만 골라 ○ 표시)
그리고
④ 키 □ □ □ cm 이상

왜 키가 문제 되는 것일까? 외모로 말할 것 같으면 다른 것도 얼마든지 있지 않은가. 키는 수치화할 수 있기 때문일까? 아니, 그 때문만은 아니다. 다른 조건이야 어떻든 간에, 훤칠하게 키 큰 남자는 어쨌거나 멋있다. 그리고 왠지 안심도 된다. 여자들은, 사실 대단한 이유도 없으면서 이왕이면 키 큰 남자와 만나기를 바란다.

왜 이렇게 되었을까? 여자가 그런 집착을 버려준다면 수많은 남자들이 용기를 얻을 수 있을 텐데. 세계를 제압한 남자는 모두 키 작은 남자였다고 하는데, 그것은 바꿔 말해, 그 정도의 역경쯤은 박차고 일어날 수 있는 투지의 소유자가 아니면 천하를 얻을 수 없다는 뜻이란 말인가. 하여간 이 문제에 대한 고찰을 위해 시간을 한참 거슬러 올라가 보기로 하자.

인류는 일찍이 수렵채집 생활을 하고 있었다. 남자는 사냥을 하러 나가고, 여자는 집 주변에 머물며 과일 같은 식물성 먹을거리를 채집했다. 남자의 직업이란 죄다 「사냥꾼」인 시대가 있었던 것이다. 사냥을 잘하여 사냥감을 많이 가져오는 것이야말로 남자의 능력이었으리라. 그런데 여자는 그들이 사냥하는 실제 현장을 볼 수 없었다. 「저 남자는 사냥 잘해」라는, 함께 사냥하는 친구의 증언을 곧이곧대로 믿을 수도 없다. 그렇다면 여자는 남자의 능력을 어떻게 간파했을까? 남자가 선물하는 상아 액세서리나 모피 코트는 사냥의 성과를 분명히 나타내주는 물건이었다. 하지만 허세일 수도 있고, 훔친 물건일 수도 있다. 여자가 남자의 능력을 파악하려 할 때

가장 신뢰할 만한 정보가 바로 그들의 「키」 아니었을까?

키가 크면 그만큼 사냥에 유리하다. 초원에서 더 멀리 잘 내다볼 수 있고, 다리가 기니 달리기에도 적합하다. 무엇보다 사냥감이나 라이벌 육식 동물과 대면했을 때 그들에게 주는 위압감은 남다르다. 히다카 도시타카* 씨는 일찍이 흥미로운 이야기를 한 적이 있다.

「예를 들어, 말이나 낙타가 인간이 시키는 대로 행동하고 마는 것은 그들이 인간을 실물보다 훨씬 큰 동물이라고 생각하기 때문이다. 우리들의 다리는 '앞발'이며, 몸 뒤로는 틀림없이 수평을 이루는 몸통과 '뒷발'이 붙어 있으리라는 것이 그들의 논리이다」

이는 왜 인간이 두발로 서게 되었는가라는 문제와도 깊이 연관되어 있는데, 어쨌든 키가 사냥의 성공에 미치는 효과에 대해서는 의문의 여지가 없다.

그런데 여기에 또 한 가지 다른 시각을 덧붙여보면 어떨까? 남자의 키는 사냥에 영향을 미칠 뿐 아니라 사냥의 성과이기도 하다, 라고 생각해보는 것이다. 사냥감을 많이 잡아, 먹을 것을 풍부하게 얻을 수 있는 자가 뼈도

---

*일본 동물행동학계의 권위자.

길어지고 체구도 훌륭하게 발달한다. 유전적 요인도 빼놓을 수 없겠지만, 식량난 시대에 자란 사람들이 한결같이 제대로 자라지 못하는 것처럼 영양 상태는 뼈의 성장에 여실히 반영된다. 다시 말해, 키 큰 남자는 그저 말없이 서 있기만 해도 자신이 얼마나 우수한 사냥꾼이며 먹을 것에 대해 조금도 걱정하지 않고 있음을 과시할 수 있는 것이다.

물론 성장기의 그 자신은 직접 사냥을 하기보다는 아버지의 사냥을 보고 배우기 위해 동행하는 정도였을지도 모른다. 그러나 그것만으로도 충분하다. 그를 키워준 부모의 자질을 이어받은 그 또한 사냥의 명수이고, 비슷한 능력을 지닌 남자일 것이기 때문이다.

키가 사냥에 미치는 영향, 또 그것이 사냥의 성과라는 것을 아는 여자는 거의 없었으리라. 단지, 까닭 없이 키 큰 남자에게 끌렸던 여자가 결과적으로 충분한 식량을 손에 넣고 자식을 많이 남겼던 것이다.

남자의 키는 그 옛날의 「월수입」이었다. 바보같이, 여자는 아직도 그것에 집착하고 있다는 말이 된다.

한편, 모두가 아는 바와 같이, 인간은 서서히 몸을 일으켜 직립보행을 하게 되었다. 그런데 도대체 왜 그렇게 된 것일까? 그 계기로 생각해볼 수 있는 것은 여러 가지가 있다.

우선 인간이 긴팔원숭이처럼 나뭇가지에 매달려 움직이던 시기가 있었다고 가정하는 「브라키에이션 설」*. 브라키에이션에 의해 앞발이 특수하게 변했고, 그로 인해 지상에 내려온 뒤로는 뒷발로 서서 걷게 되었다는 것이다. 긴팔원숭이를 나무에서 내려놓으면 뒷발로 서서 손쉽게 걷는 모습을 볼 수 있으므로 그런 대로 일리 있는 이론이다. 하지만 왜 우리 선조들이 긴팔원숭이와 같은 생활을 거쳐야 할 필요가 있었는지, 그 이유가 분명하지 않다.

「수생 인간설」이라는, 독창적이기는 하나 자주 비판을 받는 가설도 특수한 환경으로의 진출을 가정하고 있다. 우리 선조가 사바나 지역에서 사냥을 하게 되기 전에는 바다와 깊이 연관된 생활을 하고 있었다는 가설이다. 그 시대에는 아직 배 같은 것이 없었으므로, 그들은

---

*brachiation theory. 나뭇가지에 매달려 몸을 앞뒤로 흔드는 반동으로써 나무에서 나무로 이동하는 동작을 브라키에이션이라고 하는데, 그 동작에 의해 머리와 동체가 수직을 이루게 되었고, 그에 따라 직립에 가까운 자세를 취하게 되었다는 가설.

몸뚱이 하나로 바다로 나아가야만 했다. 그런 생활에 적
응하기 위하여 두 발로 서게 되었다는 것이 그 이론이
다. 왠지 미심쩍게 들리겠지만, 이 가설을 뒷받침하는
간접적 증거는 의외로 많다. 예를 들면 유인원과 달리
인간은 피하지방이 두껍고 몸이 유선형이며 등에 난 털
까지도 물의 저항을 줄이는 방향으로 나 있다, 침팬지
등은 물을 무서워하여 금세 가라앉아버리는 데 반해 인
간은 쉽게 헤엄칠 수 있게 된다는 점 등이 그것이다. 그
러나 화석 같은 직접적인 증거가 있냐고 하면, 그에 대
해서는 무엇 하나 나온 것이 없다. 이 점 때문에 비판받
고 있는 것이다.

　그 밖에 「도구를 사용하게 되어 손이 발달하고, 그러
다 보니 기어 다니기에 적합하지 않을 정도가 되고 말았
다. 그 때문에 어쩔 수 없이 서게 되었다」라든가, 「뇌가
무거워져서 네 발로 걸으면 앞으로 푹 꼬꾸라지기 때문
에 일어서게 되었다」는 등등, 이 분야의 논쟁은 실로 각
종 가설이 분분한 상황이다. 그러나 그중에서도 내가 높
이 평가하고 싶은 것은 지금부터 소개할 「자기 자신을
강하게 보이기 위해 일어섰다」는 설이다.

　우리들의 선조는 숲이라는 비교적 안전한 장소에서

나와 약육강식의 사바나로 진출하여 사냥을 시작했다. 그렇게 함으로써 물론 이익은 커졌지만, 생명이 위험한 상황에 처하는 경우도 곧잘 일어났다. 그런 와중에, 그들 중에 상체를 조금 세울 수 있는 자가 나타났다. 그것은 전혀 생각지도 못한 효과를 나타냈다. 그런 자들은 육식동물에게 보다 큰 위압감을 주었고, 유리하게 싸울 수 있었던 것이다. 그 때문에 상체를 전혀 세울 수 없는 자는 도태되고 상체를 세울 수 있는 자만 남게 되었다. 그리고 그중에서도 가장 높이 일으켜 세울 수 있는 자가 등장하고……. 이러한 과정의 되풀이가 있었고, 이윽고 인간은 일어서게 되었다는 얘기다. 사바나의 동물들은 다리가 「앞발」로 보인다는, 예의 속임수에 걸려들었을지도 모른다. 그렇다면 큰소리도 내지 않고 갑자기 나타나는 이 「거대한」 동물에 가슴이 철렁했으리라. 내가 좋아하는 껑충한 스타일의 남자도 그런대로 먹혔을 것이라는 말이다. 또 이 트릭에 속아 넘어가지 않은 녀석들이라도 뒷발만으로 이리저리 돌아다니는 괴상한 모습에 질리지 않을 수 없었을 것이 틀림없다. 필시 이런 과정을 통해 인간은 사바나에서의 지위를 급속도로 높여갔으리라고 생각된다.

나는 이 가설이 정말 잘 짜인 추리라고 감탄하고 있다. 한 가지 마음에 걸리는 것은 진화의 속도 문제이다. 진화는, 예를 들면 포식자와 피포식자, 혹은 라이벌 육식동물과의 경쟁처럼 이종 간의 경쟁보다는 동종 간의 경쟁일 때 속도가 빨라진다. 사바나의 신참내기였던 인간에게는 천천히 진화할 여유 따위가 없었을 것이다. 그렇다면 인간을 일어서게 만든 것은 바로 같은 인간이었는지도 모른다.

그래서 떠올린 것이 키 큰 남자를 좋아하는 여자의 성질이다. 인간이 완전히 직립하기 전, 여자는 키가 크냐 아니냐가 아니라 몸 전체의 길이로 남자를 평가했을 것이 틀림없다. 다시 말해, 몸이 긴 남자는 능력이 있다고 생각한 것이다. 그런데 그런 판단 기준이라면 키가 작은, 아니 몸길이가 짧은 남자도 대항 수단을 취할 여지가 있었다. 몸이 긴 것처럼 보여 여자가 착각하게 만드는 것이다. 그리하여 앞서 말한 대로 상체를 일으킨 남자가 출현하게 된다. 상체를 젖히면 그렇지 않은 경우보다 몸이 길어 보이는 것이다! 여자는 그런 남자를 능력이 있다고 착각하고, 기꺼이 그의 아내가 되었다. 또 이런 형질은 자식뿐 아니라 딸에게도 이어져 인간은 남자

나 여자나 모두 서서히 서게 되었다. 두 발로 직립보행
한다는 인류 진화 역사상 최대의 사건이 남자의 눈속임
과 여자의 착각에 그 발단을 두고 있다고 생각해보면 참
으로 유쾌하다. 죽으라고 가슴을 펴고 걷는 남자를 보면
어쩔 수 없이 그렇게 느껴지는 것이다.

귀부인들은 왜 늙지 않을까?

문득 떠오른 어떤 생각이, 아무래도 납득이 안 가서 머리를 떠나지 않는다.

여자는 결혼, 출산, 육아를 그럭저럭 경험하고 나면 살림에 완전히 찌들어버려서 젊은 시절의 모습 같은 건 온데간데없는 상태가 되는 것이 보통이다. 그런데 그중에는 아무리 세월이 지나도 싱싱한, 그래서 딸과 함께 디스코텍에 가면 자매 사이로 오해받을 정도로 경이적인 젊음을 지닌 여자들이 있다. 어떻게 그럴 수 있을까, 라는 것이 내가 품고 있는 문제이다.

이런 의문을 던지면 항상 돌아오는 말이, 「그런 사람은 돈 걱정이 없고 아무 고생도 안 하기 때문이야」라든가, 「원래 예쁜 사람이니까 그렇지」라는 대답이다. 하지만 그녀들에게도 남들은 모르는 고생이 산더미처럼 있을 것이 당연하다. 더군다나 애초에 예쁘다는 건 철썩같이 믿고 있어도 좋을 만한 것이 아니다. 기리시마 요코*가 어느 잡지에서 이런 말을 했다.

「젊었을 때 미인이니 하는 말은 불확실한 거예요. 그렇게 아름다웠던 사람이 왜 이렇게 됐을까 싶은 경우가

---

*일본 여류작가.

자주 있거든요. 전 미인이 아니라서 정말 다행이에요」

그렇다. 기리시마가 젊었을 때 어떠했는지는 난 모른다. 그렇지만 적어도 그녀는 「젊었을 땐 미인이라는 소리를 들었지만 지금은……」이라는 타입이 아니다. 내가 지금부터 문제로 다루고자 하는 「세월이 아무리 지나도 늙지 않는」 타입인 것이다.

미리 말해두지만, 나는 미인이냐 아니냐를 따지려는 것이 아니다. 젊은 시절의 여자는 누구나 나름대로의 아름다움으로 빛나며, 따라서 모두 매력적이다. 그런데 왜 중년 이후의 운명은 눈에 띄게 불공평하냐는 점을 생각해보고 싶은 것이다.

중년 이후의 운명이라고 하면, 남자의 경우에는 대머리 문제가 있다. 전에 나는 대머리의 이유를 다음과 같이 해석했다.

남자의 머리가 벗겨지는 것은, 단도직입적으로 말해 여자들이 자신을 싫어하도록, 다시 말해 여자를 멀리하기 위함이며 이는 본래 유전자의 음모이다. 인간은 털 없는 원숭이가 되었지만 머리카락만은 소중히 남겨놓았다. 왜냐하면 남자와 여자가 털 손질을 하며 서로 아끼는 마음을 확인하는 데 반드시 필요하기 때문이다. 그

머리카락을, 그것도 다른 사람밖에 손질할 수 없는 꼭대기 부분의 머리털이 **빠진다는** 것은 앞으로는 일체 남의 손길에 의한 털 손질을 하지 않겠다 – 털 손질 관계의 포기를 의미하는 셈이 된다. 하지만 왜 그런 의사를 표시하지 않으면 안 되는 것일까? 그것은 그의 정력의 세기와 관계가 있다. 남성호르몬의 세기와 대머리가 되기 쉬운 것과의 상관관계는 생리학적으로도 증명되었다. 유전자는, 자신이 몸을 의탁하고 있는 주인님이 중년에 접어들었는데도 여전히 강한 정력을 유지하고 있으면 그가 이미 충분히 많은 자녀(유전자 입장에서는 자신의 복사본)를 만들어놓았을 것이 당연하다고 판단한다. 그래서 다음에는 그 자녀들의 생존 가능성을 높이는 방향으로 작전을 바꾼다. 주인님이 자꾸 자녀를 만들게 놔두었다가는 언젠가는 그의 부양 능력을 넘어서게 되고, 심한 경우에는 자녀들이 한 명도 자라지 못하게 될 수도 있기 때문이다. 이리하여 유전자는 복사된 자신을 지키기 위해, 주인님의 뜻은 물어보지도 않고 그에게서 여자를 떼어놓으려 드는 것이다. 탈모는 그러기 위한 가장 효과적인 수단인 셈이다.

그러면 여자에게 있어서 대머리에 해당하는 것은 무

엇일까? 그것은 역시 아줌마화(化)에 동반되는 각종 현상, 즉 눈과 입가의 주름, 턱과 팔, 복부 등의 지방 같은 것들이다. 머리 벗겨진 남자와 벗겨지지 않은 남자가 있는 것과 마찬가지로 여자에게도 두 가지 타입이 있는데, 그것이 바로 빨리 늙는 여자와 좀처럼 늙지 않는 여자라는 식이 되는 것은 아닐까?

물론 여자가 아줌마화되는 것은, 당연히 남자 입장에서는 기뻐할 일이 아니다. 남자의 대머리와 똑같이 여기에도 자녀 만들기에 브레이크를 걸겠다는 유전자의 음모가 관여하고 있음이 틀림없지만, 여기에는 조금 이상한 점이 있다. 성적으로 적극적인 남자일수록 많은 수의 자녀를 남길 터이지만, 여자의 경우에는 그것이 자녀 수에 좀처럼 뚜렷한 영향을 미치지 않는다. 성적으로 적극적이든 그렇지 않든 간에 여자가 생산하는 자녀 수는 그다지 달라지지 않는다. 여자가 자녀 만들기에 브레이크를 걸어야만 한다면 그 이유는 역시 그녀의 남편 쪽에 있는 것이다(남편이 어떤 남자인가 하는 것을 그녀의 유전자가 알 리는 없겠지만……).

일단 이렇게 생각해보자. 우선 남편에게 재력이 없는 경우 – 여자는 어느 정도 자식을 낳고 나면 더 이상 임신할 리가 없을 것이다. 자녀를 지나치게 많이 두었다가는, 평소에는 괜찮더라도 예를 들어 기근이나 뭔가 예측하지 못한 사태가 발생했을 때에 모두가 굶어죽는 쓰라림을 겪을 수도 있다. 과거에는 마비키* 같은 가슴 아픈 산아제한 방법도 있었는데, 이것은 부모에게 고통스러운 일일 뿐만 아니라 생물학적인 관점에서도 낭비가 많은, 무엇 하나 좋은 점이 없는 것이다. 여자가 주체가 되어 취할 수 있는 평화로운 해결 방법은 역시 성적 매력을 잃는 방법 말고는 없다(피임법이 확립된 것은 바로 최근의 일임을 잊어서는 안 된다). 그러나 여자 입장에서 이는 상당히 위험한 내기이기도 하다. 매력을 잃은 아내에 대해 남편이 쌀쌀맞게 대하고, 사소한 바람기가 원인이 되어 결국에는 집에 돌아오지 않을 수도 있다. 또 그렇게까지 심각하게 되지는 않더라도 도박이나 술에 수입의 태반을 쏟아 붓는, 될 대로 되라는 식의 생활 태도를 갖기 시작할지도 모른다. 그렇게 되면 너무나 끔찍한 일이다. 그런데 이 일생일대의 여자의 내기는 대체로 잘 굴러가도록 장치되어 있다. 마누라가 어떤 상태가

---

*일본 에도시대에 생활고 때문에 갓 태어난 아기를 죽이던 일.

되던 남편은 내 자식이 예쁘니 어쩔 수 없다고 여기는 성질을 가지고 있다. 말 그대로 「자식이 끈」이 되어 부부는 위기를 넘어갈 수 있는 것이다.

가난한 자 자식 많고, 자식 아끼는 남편에 마누라 오래간다……. 이거야말로 전형적인 서민 가정의 모습 아닐까? 예로부터, 이른바 서민들 사이에서 배양되어온, 자식을 조금이라도 많이 남기는 비결이란 아무래도 이러한 따스하고 '평범한 생활'을 보내는 데 있는 것 같다.

그러면 남편에게 재력이 있는 경우는 어떨까 - 이는 과거 상류사회의 이야기라고 바꿔 말해도 될 것이다. 상류사회에서는 자녀를 너무 많이 만들어 재정적으로 파탄하는 따위의 일은 우선 없기 때문에 여자가 무리해서 자녀 만들기에 브레이크를 걸 필요가 없다. 바로 그렇기 때문에 상류층 부인은 좀처럼 늙지 않는다고 일단 말할 수 있다. 단, 그러면 상류사회가 아이를 많이 낳는 사회였냐 하면 그렇지도 않았다. 여자가 상당한 고령에 자녀를 낳는 경우가 있을지언정 서민들처럼 한 사람이 10명이나 낳는 식의 경우는 적었다. 즉, 상류층 부인들이 좀처럼 매력을 잃지 않는 것은 자녀를 많이 만들기 위함이 아니었던 것이다.

 그럼 이번에는 상류사회의 특수한 혼인 관계로 눈을 돌려보자. 알다시피 과거의 영주나 상급 무사, 벼슬아치들은 정실 외에도 몇 명씩 첩을 두고 있었다. 또 그렇게까지 상류는 아니더라도, 큰 상점의 주인이나 지방의 대지주 같은 사람들도 거의 공공연히 첩을 두고 있었다. 그와 같은 실질적인 일부다처 사회에서는 한 명의 남자를 둘러싸고 여자들 사이에 치열한 쟁탈전이 벌어졌을 터이다. 어쨌든 남자는「오늘밤엔 어느 처소로 들까?」하는 식의 사치스러운 고민을 안고 있었던 것이다.

 일부다처 사회에서는 당연한 일 아니냐고 생각하기 쉽지만, 사실 여자들의 질투 싸움은 인간 특유의 것이다. 예를 들어 고릴라나 망토개코원숭이는 일부다처 사회를 이루고 있다고 해도 암컷에게 발정주기라는 것이 있다. 발정해서 교미가 가능한 것은 배란이 일어나는 전후 며칠 동안밖에 없고, 그것도 발정한 사실을 암컷이 자진신고하면 그 사실을 수컷이 받아들이는 시스템으로 되어 있다. 암컷들의 발정이 겹치는 경우는 극히 드물기 때문에 암컷들로서는 수컷이란 서로 싸워 쟁탈해야 할 존재가 아닌 것이다. 일부다처라고 해도 인간의 남자들이 상상하는 만큼 멋진 것은 아니라는 이야기이다. 인간의 경우에만 여자가 항상 발정한 상태이므로 남자에게 선택의 여지가 생겼다고 봐야 할 것이다.

그러면 이 일부다처의 상류사회에서 여자가 예의 서민적인 전략을 취했다면 어떻게 되었을까? 말할 것도 없이 그녀의 처소에는 「높으신 분의 내방」, 「서방님의 발걸음」이 뜸해질 것이다. 남편은 필시 서민 남자만큼 자식 사랑이 끔찍하지는 않을 테니 자식들이 유인력이 되어주리라 기대할 수 없다. 정실이면 또 모를까, 그녀가 둘째 셋째 부인이라면 경제적 원조의 손길을 놓아버릴지도 모르는 일이다. 그러면 이미 낳은 자식들의 생존마저 불안해진다. 결국 중년이 되면 급격히 성적 매력을 잃게 만드는 여성 유전자는, 서민사회에서는 이어지지만 상류사회에서는 이어지기 어렵게 된다. 그런 여자는 도태되기 때문이다. 따라서, 예를 들면 가난한 계층의 아가씨이지만 상당한 미인인 덕에 첫눈에 들어 상류사회로 신분상승한 신데렐라는 그저 잠시 행복할 따름이다. 중년 이후의 운명이나 자손의 번영이라는 점을 고려하면 서민계급에 머물러 있는 편이 훨씬 현명한 것이다.

상류사회에서의 여자는 남편이 거동을 못하게 될 때까지 여자이지 않으면 안 된다. 남편을 붙잡아두는 것은 자식이 아니라 다름 아닌 자기 자신이기 때문이다. 남자 (남편)는 여자가 젊음과 매력을 유지하는 한 총애하여 그 여자와의 사이에 많은 자식을 남겼지만, 그렇지 않은 여자는 비정하게 끊어버렸다. 그렇게 해서 진화생물학 분야에서 말하는 「성도태」가 일어났던 것이다. 나는 과거 상류층 부인들은 거의 예외 없이 경이적인 젊음을 유지하고 있었음이 틀림없다고 상상하고 있다. 그것은 필시 오랜 기간에 걸친 서민과의 유전적 격리에 의해 비로소 실현되었으리라 생각한다. 바로 그렇기 때문에 당시 여자의 유전자에는 남편의 경제적 상황이 '보였던' 것이다. 또 그런 유전적 축적에 맞서 서민 여자가 아무리 미용술에 광분하고 거액을 들여 주름 펴는 비약을 입수한다 한들 맞대결할 수는 없었을 터이다.

현대 일본에서 진짜 상류사회는 훨씬 전에 붕괴했고, 모두가 중산층이라고 말한다. 그 옛날의 상류와 서민과의 유전적 담은 철거되어 유전자가 자유롭게 교류하고 있다. 자식이 배고파 죽을 정도의 빈곤 가정이 없어졌을 뿐 아니라, 몇 명씩이나 첩을 둘 정도의 부호들도 없어졌다. 자, 이러한 시대에 젊음을 관장하는 유전자는 앞으로 어떻게 행동해 나갈 것인가?

말 잘하는 남자가 인기 있는 이유

세상에는 말을 정말 잘하는 남자들이 있다. 「오늘은 얘기만 한번 들어보시면 됩니다」 하고, 처음에는 부드럽게 밀어붙이다가 상대방이 조금이라도 흥미를 보이는가 싶으면, 그러기가 무섭게 기회를 놓치지 않고 맞장구를 치며 「역시 사모님은 보는 눈이 있으시다니까!」 하고 추어올린다. 그리고 사모님이 '이건 아니야' 하는 생각이 드는 순간에는 이미 때가 늦어서, 그 사람이 이미 겁나게 비싼 물건을 팔아먹고 간 상태이다. 모두 그렇다고는 할 수 없겠지만, 일부 그런 세일즈맨들이 있다.

「과장님, 제가 과장님 밑에서 일하는 건 정말 행운이라고 생각합니다. 앞으로도 계속 모셨으면 좋겠는데……」 등, 아니꼬울 정도의 말을 늘어놓지만 듣는 과장 쪽에서는 기분이 나쁘지 않아서 인사고과 평점도 무심결에 잘 주게 된다. 그런 낯 두꺼운 아첨꾼들도 있다. 그런가 하면 겉보기에는 그저 그렇지만 말을 재미있게 하고 왠지 사람을 끌어당기는 매력이 있어서 여자들에게 엄청나게 인기 있는 남자가 있다.

이런 남자들은 말주변이 좋지만, 그렇다고 해서 결코 청산유수라 할 만한 것은 아니다. 오히려 내용이나 문법을 보면 지리멸렬한 경우가 많다. 그럼에도 불구하고 이

들은 말솜씨가 좋고, 나아가 일도 잘 풀리는 녀석들이
다. 말의 최면 작용이라고나 해야 할까, 마치 뇌의 심층
부에 강하게 호소하여 자기 자신도 모르게 그 사람의 마
음을 바꾸어놓는 불가사의한 힘을 가지고 있는 것 같다.

　말솜씨가 효력을 나타내거나 말로 사람을 움직이는
능력을 필요로 하는 직업은 생각해보면 정말 많다. 앞서
말한 세일즈맨 외에도 사업가, 서비스업, 정치가, 종교
나 교육 관계자, 연예인이나 뉴스 캐스터 등도 그렇다.
덧붙여 말하자면, 작가는 좀 다르다. 언어를 다루는 프
로이지만, 살아 있는 인간을 직접 상대하지는 않기 때문
이다. 작가는 오히려 기술자나 예술가에 가까운 존재가
아닐까 하고 나는 생각한다.

　어쨌든, 여기서는 말주변 좋은 남자가 어떻게 진화해
왔는가 하는 수수께끼에 도전해보려고 한다. 그러기 위
해서는 우선 그런 여러 가지 직종이 꽃피게 된 것이 정
말로 최근의 일이라는 사실을 인식하지 않으면 안 된다.
예를 들어, 에도시대* 대부분의 일본 남자는 농민이었는
데, 그들의 경우에는 아무리 말솜씨가 좋다고 한들, 그

---

*17세기에서 19세기 말에 걸친 일본의 봉건 시대.

렇다고 수확이 늘어날 리가 없다. 물론 어부나 기술자도 마찬가지였다. 물론 상인이나 '월급쟁이 사무라이' 들은 현대와 다를 바 없이 말을 잘하는 편이 좋았을 것이다. 여기서 한층 더 시대를 거슬러 올라가보면, 남자의 직업은 더욱 다양성을 잃고 마침내 모든 남자가 사냥꾼인 수렵채집 시대에 다다르게 된다. 과연 사냥꾼에게 훌륭한 말솜씨가 필요했을까?

이렇게 본다면, 남자의 훌륭한 말솜씨는 필시 직업적인 '장사수단' 으로써 진화해온 것이 아니라고 여겨진다. 본래의 기능은 전혀 다른 곳에 있었음이 틀림없다고 본다. 그렇다면 그것은(말 안 해도 다 안다고 할지 모르겠지만) 여자의 마음을 움직여 자신을 좋아하게 만드는, 다시 말해 여자를 「설득하는」 데 있을 터이다. 정말이지 그것 말고는 달리 생각할 수 없지 않은가.

태고 이래 남자는 일관되게 말솜씨를 여자 획득에 이용해왔다. 그리고 그것은 남자에게는 하나의 전통기술이 되었다. 세일즈맨이 주부에게 상품을 팔 때나 직원이 과장에게 아첨을 떨 때나, 말하자면 모두 열심히 '여자' 를 설득하고 있는 셈이다.

수컷이 암컷을 설득한다 ─ 이런 일이 유인원에게는

있을 턱이 없다.

고릴라는, 당연한 이야기지만, 몸집이 매우 크다. 특히 수컷은 체중이 약 200kg이나 되는 녀석도 있는데, 이는 암컷의 거의 두 배에 해당한다. 왜 수컷의 몸집이 극단적으로 크고 암컷과의 차이가 두드러지는가 하면 그 원인은 혼인형태에 있다. 고릴라는 한 마리의 힘센 수컷이 수 마리의 암컷을 거느리며 하렘*을 형성한다. 수컷은 힘이 세면 그만큼 많은 암컷을 획득할 수 있고 많은 자손을 남길 수 있다. 그 때문에 몸집 큰 수컷이 진화해온 것이다.

한편, 침팬지는 대집단을 이루며 생활하고 난혼(亂婚) 사회를 형성한다. 수컷 사이에는 순위가 있는데, 순위 높은 녀석이 우선적으로 암컷과 교미할 수 있기는 하지만 순위가 낮은 녀석이라고 해서 그렇게 기회가 없는 것은 아니다. 평소에 눈여겨보았던 암컷을 유혹해(인간처럼 「설득하는」 것이 아니라 몸으로 표현한다), 「콘소트(consort)」라 불리는 1 대 1 관계를 맺어 잠시 사랑의 도

---

*harem. 이슬람 사회의 부인전용 거실로, 혈족이 아닌 남자의 출입을 금하는 곳. 이에 유래하여 포유동물의 번식집단형태 중 수컷 한 마리가 다른 수컷들의 접근을 막아두는 암컷 무리를 하렘이라 함.

피행각을 벌이는 경우도 있다.

　결국 침팬지 사회에서는 특정 수컷이 교미권을 독점하기란 상당히 어려운 일이다. 때문에 어떤 수컷이 많은 자식을 남기는가 하는 다툼 또한 주로 교미를 하고 난 다음으로 미뤄진다. 즉, 각각의 수컷이 쏜 정자가 암컷이 지닌 한 개의 난자를 둘러싸고 싸우는 형태를 취하는 것이다.

　수컷 고릴라들은 힘으로 싸운다. 그 때문에 그들은 몸을 잔뜩 발달시키게 된다. 그리고 정력으로 승부해야 하는 침팬지의 경우에는 정자 제조원인 고환이 발달한 것이다. 실제로 보면, 과연 그렇구나 하고 고개를 끄덕이고 싶을 정도로, 침팬지의 고환 무게는 인간이나 고릴라의 그것에 비해 세 배 이상이나 된다고 한다.

　인간은 남자가 여자를 설득하는 수순을 밟아야 한다. 따라서 인간 남자의 경우에는 큰 몸도 아니고 큰 고환도 아닌, 언어적 능력이 발달하게 된 것이리라. 그래서 남자는 정도의 차이가 있을망정 설득에 능한 것이다. 다만, 지금 여기서 문제로 삼고 있는, 엄청나게 말솜씨 좋은 남자는 그런 기초실력에 더해 무언가 대단한 응용력을 몸에 익힌 것처럼 느끼지 않을 수가 없다.

그러니 말솜씨가 뛰어나다는 평판을 받는 남자의 행동을 조금 더 분석해보기로 하자. 그는 여자를 설득할 때 반드시(라기보다 대부분은) 자신에 관한 진실을 분명히 밝히지 않는다. 말이라는 것에는 거짓말을 할 수 있다는 비장의 기능이 갖춰져 있기 때문이다. 그는 자신이 얼마나 재력이 있는지, 또는 당신을 평생 소중히 여기겠다는 등, 태연하게 자신을 꾸미고 연출해 보이는 일이 가능하다.

여자에게도 다소 그런 경향은 있지만, 그런 남자들만큼 멋진 거짓말은 하지 못한다(분명 그럴 터이다). 여자들은 남자를 속이거나 조작하기보다는 남자에 관해 이런저런 정보를 교환하는 상황에서 언어의 필요성이 높아졌기 때문이다(여자들의 수다, 장시간 전화통화를 생각하시라).

여자는 검토에 검토를 거듭해, 이 남자라면 괜찮다고 생각해 결혼한다. 하지만 그것은 왕왕 헛된 꿈으로 끝난다. 그녀를 설득하기 위해 실컷 거짓말을 늘어놓은 남자는 잠시 얌전하게 지낼지도 모르지만 이내 그 본성을 드러내 더욱 활발한 활동을 재개하는 것이다.

인간에게는, 남자가 아내와 자식을 남기고 일시적으

로 집을 비우는, 어떤 유인원에게도 없는 습성을 가지고
있다. 옛날에 그것은 사냥을 위해서이기도 했다. 어떤
형태로든 아내의 감시의 눈길을 피해 일시적으로 행동
의 자유를 얻을 수 있는 것이다.

그러면 이렇게 해서 쟁취한 '바람기' 찬스를 이용하려
면 남자는 전보다 더욱 뛰어난 언어적 능력을 펼쳐 보여
야만 한다. 그가 지닌 엄청난 응용력은 필시 그런 힘든
조건하에서 진가를 발휘해왔을 것이다. 처자식이 있다
는 사실을 교묘히 숨기거나, 혹은 처자식이 있다는 사실
을 고백한 뒤에, 「그런데 우리 사이는 별로야」라는 등으
로 연기하는 테크닉도 필요해진다. 이런 식으로 이야기
를 이끌어가다 보면 거짓말 뒤에 또 거짓말을 하지 않으
면 안 되기 때문에 그에게는 언어적 능력뿐 아니라 말의
앞뒤를 조리 있게 맞추는 등의 매우 종합적인 지적 능력
까지 필요하게 된다.

결국 그런 난관을 모두 해결한 다음에야 남자는 세상
에서 인정하는 틀 바깥에 몰래 자식을 남길 수 있는 것
이다. 그리고 그렇게 낳은 자식은 당연히 부친이 지닌
그러한 자질을 확실하게 이어받게 된다.

이와 같이 인간에게 있어서 말이란 혼인을 둘러싼 다

양한 상황에서 필요한 것으로, 특히 남자가 '한 쌍 외 교미(즉 외도)'를 성공시키려 할 경우에는 보다 더 세련된 언어능력과 지능이 요구되는 것이다.

그런 연유로, 어떤 남자가 말로 사람을 움직이는 일에 종사하고 있으며 또 그 분야에서 대단한 성공을 거두었다면, 나는 그의 사생활이 문란하다고 해서 조금도 비난할 생각이 없다. 왜냐하면 그 분야에서 필요한 재능과 여자를 설득하고 자기 것으로 삼기 위한 재능은 표리일체의 관계에 있기 때문이다. 예로부터 「바람둥이파」라 불리는 이런 부류의 남자를, 나는 그 재능적 배경까지 고려하여 「문과(文科)계 남자」라 부르고자 한다. 「문과계 남자」란, 여자에 대한 흥미를 잃으면 기운이 없어지고 일에서도 생동감을 잃고 마는 '귀여운' 남자이다.

「바람둥이파」가 있으면 당연히 「쑥맥파」도 있기 마련. 따라서 「문과계 남자」에 대하여 「이과(理科)계 남자」가 존재한다.

여기서는 「문과계 남자」를 중심으로 이야기를 전개했는데, 일본에는 오히려 「이과계 남자」 쪽이 다수파인 것 같다. 그들은 말주변이 없어서 여자 앞에 서면 그냥 얼어버리고 만다.

양다리도 아닌 문어발식으로 여자를 관리하는 일 따위는 절대 무리인 이과계 남자들. 그러면 이 재주 없는 남자들은 어떻게 문과계 남자에 대항하여 자손을 남겨왔을까?

이과계 남자의 역사

내 자식을 잘 부탁해~

즉 문과계 남자라고 멋대로 이름 붙인 남성들에 관해 다시 한 번 간단히 정리하고자 한다. 문과계 남자는 잘난 말솜씨를 살려 다양한 분야에서 성공을 거두고 있는데, 그 재능의 본래 목적인 여자 꼬드기기 활동에도 여념이 없다. 아내를 얻고 난 뒤에는 다른 곳에서의 생식활동에도 힘쓰려 든다. 숫처녀를 속이는 일이야 말할 것도 없고, 남편이 있는 여자와 몰래 정을 통해 아이가 생기면 그녀의 남편이 키우게 만드는 고난도 곡예까지 부린다……

그러나 이런 남자들 입장에서 보면 절대 라이벌이 될 수 없는, 더구나 남의 봉이 되기 십상인, 까딱했다간 뻐꾸기의 알을 자기 알인 양 속아서 맡아 키우는 애처로운 때까치 신세가 될 수도 있는, 성실하고 근면한 남자들(이과계 남자라 부르고자 한다) - 그런 그들은 어떻게 번식의 요새를 끝까지 지켜내는 것이 가능했을까? 이번에는 그 점에 대해 생각해보자.

내가 그들을 이과계 남자라 부르는 것은, 단순히 말 잘하는 남자를 문과계 남자라 이름 붙였기 때문만은 아니다. 그들은 정말로 이과계통의 재능을 가진 경우가 많은 것이다. 예를 들어 컴퓨터 관련, 전기기계 관련, 건축

설계 등의 각종 엔지니어. 혹은 예로부터 있었던 목수, 대장장이, 가구장이는 물론 대학이나 기업의 이공계 연구자(단, 의사는 조금 다를지도 모름) 등등이다.

이런 남자들 가운데에는, 말주변이 없으며 여자에 관심이 없지는 않지만 그보다는 자신이 좋아하는 일에 몰두하고 싶어하는 타입이 많다. 아이들보다 작품(자식도 작품이라고 한다면 그렇게 말 못할 이유도 없겠지만)을 만드는 일에서 기쁨을 발견하는 사람들이라고나 할까?

다만 그런 남자들이 일찍이 문과계 남자들의 밥이 되어 절멸의 위기에 직면한 적은 없었을까 하는 부분이 조금 마음에 걸린다.

그러나 여하튼 간에 문과계 남자들이 천하를 완전 장악하여 오른쪽을 보고 왼쪽을 봐도 문과계 남자뿐인 그런 사태는 일어나지 않았고 앞으로도 그렇게 되지는 않을 것이다. 그것은 문과계 남자와 이과계 남자라는, 두 종류 남자의 전략에 진화생물학 분야에서 자주 쓰이는 「게임이론」을 적용해 생각해보면 잘 알 수 있다. 게임이론은 원래 수학의 한 분야였는데, 메이나드 스미스*라는

---

*영국의 진화생물학자.

사람이 동물행동 분석에 응용하면서 일약 유명해진 이론이다. 각각의 동물의 행동과 그로 인해 발생하는 결과를 마치 게임처럼 생각하여, 각각의 현상에 득점과 실점을 적용하여 어떤 행동을 취하는 녀석이 늘어나고, 또한 누가 고득점을 올리는지 시뮬레이션하는 것이다.

유명한 예로, 매파 전략과 비둘기파 전략이라는 것이 있다. 문자 그대로 매파는 공격적인 전략자이고 비둘기파는 어디까지나 싸움을 회피하는 평화적 전략자이다. 공격적인 매파는 비둘기파를 봉으로 삼아 점수를 모으는데, 언뜻 보기에 이쪽이 매우 유리한 전략인 것 같아 보이지만 장기적으로 보면 그렇지 않다. 매파의 수가 지나치게 늘어나면 과당경쟁이 일어나 이번에는 자기들끼리 서로 잡아먹기 시작하기 때문이다. 피차 공격적이기 때문에 패한 경우의 타격은 상당히 크다. 이렇게 해서 매파의 수가 감소해가면 당연히 비둘기파가 세력을 만회한다.

그런데 그렇게 되면 살아남은 매파가 돌연 활기를 띠어 비둘기파를 잡아먹기 시작하면서 다시 수를 늘려간다. 그리고 또 과당경쟁이 일어나고……, 이런 식의 과정이 되풀이된다. 결국 양자는 큰 환경의 변화가 없는 경우, 그 비율 면에서 거의 평형상태를 유지하든가 주기적인 변동을 되풀이하든가 둘 중 하나라 볼 수 있다.

그럼 이 이론을 문과계 남자와 이과계 남자라는 두 타입의 남자에 적용, 약간의 응용을 살려 생각해보면 어떻게 될까? 문과계 남자는 타고난 말주변으로 여자를 속여 번식의 기회를 획득한다. 그렇게 되면 분명 그들의 자질을 이어받은 주니어들이 늘어간다. 그런데 그렇게 해서 문과계 남자가 늘어나면 당연히 과당경쟁이 일어난다. 뿐만 아니라 여자들의 경계심도 높아지는 결과를 낳는다. 남자는 대부분 거짓말쟁이이고 방심해선 안 될 존재라는 풍문이 퍼지기 때문이다. 그래서 성실한 이과계 남자의 주가가 확 올라간다.

물론 이과계 남자가 지나치게 늘어나면, 여자는 남자에 대한 경계를 풀고 그로 인해 다시 소수였던 문과계 남자들의 독무대가 된다. 그리고 다시 문과계 남자가 늘어난다……. 이런 과정이 되풀이되면서, 이과계 남자는 미덥지 않아 보이면서도 의외로 끈질긴 생명력을 갖고 있는 것이다.

그렇다고 해도, 이 이론만으로는 아직 설득력이 부족하다. 이 두 타입의 남자들은 그저 이런 자연의 흐름대로 증감을 되풀이해왔을까? 나는 어떤 인위적인 조건이 양자의 증감에 보다 깊이 관여했을 것이라고 생각하지 않을 수 없다.

그 조건이란, 전쟁이다. 전쟁 체제하에서는 사회의 문란함이 엄중하게 단속된다. 문과계 남자의 장기인 바람피우기나 간통 같은 추잡한 남녀관계는 전쟁을 수행하는 데 있어서는 커다란 적이다. 그것만으로도 그들의 활동 무대는 현저히 좁아지는데, 더욱 가혹한 처사를 받게 되기도 한다. 그것은 일찌감치 전쟁터로 보내버린다는, 너무나도 불합리한 운명이다.

일본의 2차 세계대전 때, 도대체 누구에게 먼저 징집 영장이 왔는지를 생각해보라. 그 시대에 이공계 학생이나 기술자들은 국내 공장에 배치되었지만, 그런 형태로 국가에 봉사할 수 없는 문과계 학생들은 전쟁터로 보내졌다. 문과계 학생이 꼭 문과계 남자는 아닐 터이고, 이과계 학생이나 엔지니어라고 해서 이과계 남자라고 단정 지을 수는 없겠지만, 전쟁이 상대적으로 문과계 남자를 억압했을 가능성은 아주 크다. 그리하여 이과계 남자가 살아남을 가능성이 높아진다. 진지함을 빼고 말하자면, 전쟁이 반드시 외부의 적을 쓰러뜨리기 위함은 아니라는 말씀이다.

단, 그런 대규모 전쟁이 벌어지게 된 것은 최근 수천 년의 일로서, 이는 인간의 진화역사에 비추어볼 때 극히 최근의 현상이다. 그 이전의 이과계 남자들이 어떻게 행동했을지를 고려하는 것도 중요하다. 이과계 남자의 기원을 탐색해가다 보면, 매번 찾아가 이제는 우리에게 익숙해진 수렵채집 시대에 다다른다.

그는 필시 밤에는 식사를 하는 둥 마는 둥 하며 활과 화살의 개량이나 신형 올가미를 개발하는 데 정신이 팔려 있었을 것이 틀림없다. 또 단독행동을 좋아해 집단으로 사냥을 할 때는 별로 능숙하지 못했을지도 모른다. 집단행동을 했다면 필시 자신의 역할을 성실히 다했을 터이고, 절대로 빈둥거리거나 혼자 빠져나가 은밀한 행동을 하고 돌아오는 식의 짓은 하지 않았을 것이다.

그 시대에도 그는 자식 만들기에 그다지 능숙하지 못했으리라 여겨진다. 다만, 당시 우리들의 선조는 친족끼리 모여 사는 작은 혈연집단을 이루어 생활했을 테니 유전자를 늘린다는 관점에서는 우리가 염려할 필요가 없다(이야기가 조금 이론적으로 되지만, 들어주시길).

그 자신은 자식을 많이 남기지 못했을지도 모르지만,

그가 개발한 수렵도구 등의 덕분으로 혈연자들이 이익을 얻고, 그를 대신해서 실컷 자식을 만들어준다. 다시 말해, 그와 공통의 유전자를 가진 혈연자들이 자기 자식을 통해 그의 유전자를 늘려준다는 것이다. 그렇게 그의 재능과 유전적 특질은 혈연자들을 통해 착실하게 남겨진다.

이러한 소집단이 부족이 되고, 부족들이 서로 전쟁을 하게 되더라도 그는 여전히 혈연자를 도울 수 있다. 수렵도구를 대신해 이번에는 병기를 개발, 개량하거나 혹은 작전을 세울 수 있는 것이다. 그는 부족 내에서 중용되고 혈연자도 당연히 이득을 얻는다. 그리고 이것이 최근처럼 대규모 전쟁이 발발하게 되자 병역면제라는 형태를 취하게 된 것이 아닐까?

요컨대, 직접 여자를 획득하는 데는 서투르지만 수렵과 전쟁이라는 서브루트를 이용해 면면히 번영을 유지해온 것이 우리가 사랑해야 할 쑥맥 사내들이라는 말이다.

여기까지 생각하고, 「이 얼마나 완벽한 이론인가」 하며 혼자 기뻐하던 나는 문득 당황하게 되었다. 그러고 보니, 일본에 이과계 남자가 많은 것은 설명이 안 되잖아! 이 이론에 따르면, 이과계 남자가 많은 일본이라는 나라는 그 옛날 수렵과 전쟁의 본고장이었다는 말이 되지 않는가. 하지만 그것은 농경사회라는 분명한 사실에 반하는 것이다. 이를 어떻게 설명하면 좋을까…….

다른 나라에는 없고 일본에만 있는 것을 찾자. 후지산, 게이샤, 스키야키, 덴푸라…….

아니 아니, 답은 의외로 간단한 것이었다. 바로「맞선」이다.

맞선은 원래 사무라이 가문의 관습이었는데, 후에 서민들이 받아들인 것이다. 외국에도 비슷한 시스템이 없을 리는 없지만 일본만큼 철저하지는 않다. 일본인은 부끄럼을 타는 이가 많아서 맞선을 본다고 생각하기 쉽지만, 사실은 맞선을 보기 때문에 부끄럼을 타게 되었다고 봐야 맞다. 왜냐하면 맞선이란 부끄럼 많고 오로지 일에만 열중하는 이과계 남자라도 훌륭하게 자식을 남김으로써 부끄럼 타는 인간의 세력을 확대시킬 수 있는 시스템이기 때문이다. 맞선이 있는 한 일본의 이과계 남자는 일단 평안을 누릴 수 있다.

그건 그렇고, 그들의 특성인 근면함과 기술력을 무기로 일본이 세계의 '경제 전쟁'에서 대승리를 거두는 면면을 돌아보면 이과계 남자와 전쟁 간의 끊으려야 끊을 수 없는 인연은 여전히 이어지고 있는 듯하다.

남자는 왜
어린애 같은 여자에게 약할까?

우앙~!
먹을것 구해와!
돈 벌어와!
예쁜거 사줘!

여류 만화가 미츠하시 치카코의 만화에는 대부분 아이 같은 여자와 키다리 핸섬 보이가 등장한다. 이는 일본 여자아이들에게는 하나의 이상형인 모양이다. 연인 사이이긴 하지만 자신은 조그마한 여동생, 상대는 뭐든 들어주는 자상한 오빠라는 셈이다. 여자가 키 큰 남자를 좋아하는 데에는 나름대로 깊은 의미가 있다. 그러면 여자가 어린애처럼 굴려는 것, 혹은 남자가 어린애 같은 여자에게 빠지고 마는 데에는 어떤 의미가 있을까?

원래 인간은 남자보다 여자 쪽이 어린애 같은 특징을 많이 가지고 있다. 예를 들면 털이 많지 않고, 목소리 톤이 높고, 호리병 모양의 체형에, 피부가 곱고, 머리카락이 부드럽고, 또 잘 울고, 등등이다. 여자 아이돌 가수들은 이런 특성을 최대한 어필하는 「초정상(超正常) 개체」인 셈인데, 같은 또래의 여자아이들 입장에서 보면 거짓말 같고 기분 나쁜 존재이다. 그렇지만 아이돌 가수가 아니더라도 여자란 때때로 어리광 부리는 투로 잔뜩 콧소리를 내며 아이처럼 행동하는 경우가 있다. 남자의 환심을 사려고 할 때나 누군가에게 무언가를 부탁할 때가 그렇다. 특히 후자의 경우, 젊은 여자와 아저씨 커플이라면 거의 틀림없이 부탁을 들어주게 된다.

어째서 남자는 여자의 어린애 같은 모습에 이토록 '약한' 것일까. 「매번 같은 수법인데도 참 잘도 걸려드는군」 하고 감탄할 정도이다. 그것은 수컷 침팬지가 발정한 암컷의 빨갛게 부어오른 성피에 홀딱 빠져버리는 것이나, 은줄표범나비의 수컷이 검정과 오렌지색을 반반씩 칠해 놓은 원통이 돌아가는 것을 보고 암컷의 날갯짓이라 여겨 열렬히 구애한다는 딱한 이야기와 별반 다를 바 없는 듯이 여겨지기도 한다. 인간 남자도 일찍이 어떤 태도나 행동 때문에 어린애 같은 여자를 좋아하게 되었으리라. 거기에는 뭔가 대단한 메리트가 있어 그 유전적 성질이 끊임없이 계승되어왔을 것이다. 그것은 여자를 어린애처럼 진화시켰을 뿐 아니라 남자 쪽에도 영향을 미쳤다. 이리하여 인간은 완전히 어린이처럼 변한(幼形化) 원숭이가 되었다……고 생각한다.

실제로 19세기 말부터 20세기에 걸쳐 활약한 하브록 엘리스나 루이스 볼크 등은 인간이 다 자란 유인원과는 닮지 않았지만 어린 유인원이나 태내의 새끼와는 많이 닮았음을 알아차렸다. 정말 그런 것이, 아기 침팬지 등은 머리에는 털이 있지만 몸에는 거의 털이 없고 입도 별로 튀어나오지 않았다. 진짜 사람처럼 생겼다. 그래서 오늘날에는 인간으로 진화하는 데 있어 네오테니(아이 같은 성질을 지니면서 성적으로 성숙하는 것)가 상당한 역할을 했을지도 모른다고 이야기되고 있다.

내가 최근 곰곰이 생각하는 바는, 인간이란 새끼 시절을 질질 끌어 성인이 되려 하지 않는 모라토리움 에이프(에이프는 유인원)라는 사실이다. 모라토리움 인간이라는 말도 있지만, 사실 인간은 애초에 '모라토리움(moratorium)'인 것이다. 그리고, 어쨌든 간에 인간과 유인원 간 차이 중 많은 부분이 이 네오테니에 기인하며, 유인원에게서 발견되는 「나이를 먹게 만드는」유전자가 인간의 경우에는 상당히 억제되고 있는 것 같다.

그렇다고는 하지만, 여자가 남자의 '수입'을 가늠하는 기준으로 뼈 길이(사냥을 통한 먹이 획득 능력과 영양상태가 뼈 길이에 민감하게 반영되므로)를 채용하였고 그 때문에 키가 큰 남자를 좋아하게 되었다고 추리한 것과 같이, 남자가 어린애 같은 여자를 좋아하는 것도 그와 비슷한, 무언가 깊은 의미가 있을 듯하다.

역시 인간과 유인원을 비교해보는 수밖에 없을 것 같다. 앞서 여자의 주름에 관해 이야기하면서 유인원 대표인 침팬지와 인간을 다음과 같이 대비해보았다.

　암컷 침팬지는 발정주기가 있어 몇십 일 단위로 인기를 끌기도 하고 끌지 못하기도 하는 부침을 거의 평생 동안 되풀이한다. 또 웬만큼 늙지 않는 한 출산을 계속하기 때문에 젊다는 이유만으로 수컷들이 알랑거리지 않는다. 오히려 출산과 육아에 숙련된 중년 암컷 쪽이 인기가 있다. 그런데 인간 여자는 이른바 항상 발정해 있는 상태이며 언제든 남자를 유혹하는 것이 가능하다. 그 대신 젊은 시절과 나이를 먹고 난 뒤와는 현저한 운명의 격차가 있다. 폐경이 일어나면 생식활동에서 은퇴할 수밖에 없는 것이다. 인간은 어떤 이유에 의해서인지 이러한 시스템에 정착한 것 같다.

　왜 이렇게 다를까? 인간과 유인원의 생활양식이 크게 다르기 때문일까? 인간은 한 곳에 정착해 살지만, 유인원은 매일 밤마다 나무 위에 침대를 만들고 잠자리를 바꿔가며 이동해 간다. 매일 이사하는 그들에게는 아직 혼자서 걷지 못하는 새끼들은 큰 짐이 된다. 짐은 최소한 줄이는 게 좋다. 그 때문일까? 유인원은 새끼가 다 큰 어른들의 유동(遊動)* 페이스를 따라 갈 수 있는 4, 5세가

---

*포유류의 생활양식 중 하나. 장소를 이동하며 살기는 하지만 넓게 보면 일정 범위 안을 규칙적으로 순회하는 것.

될 때까지는 다음 새끼를 낳지 않는다. 유인원의 수유기간은 대개 4년 정도로, 새끼가 젖을 빨며 유선(乳腺)을 빈번히 자극하고 있는 한 배란이 억제되어 발정도 하지 않는 것이다. 여기서 퍼뜩 든 생각이, 인간 여자는 그렇게까지 여유 있는 출산 스케줄을 갖고 있지 않다는 점이다. 유동생활을 하는 유인원의 경우, 암컷은 「낳고 기르는」 일을 반복하며 상당한 고령이 되어서도 새끼를 낳는다. 그런데 정착생활을 하는 인간은 여자가 젊을 때 몇 번인가의 출산을 서둘러 끝내고 자식을 정신없이 키우다가 이윽고 현역 은퇴를 표명한다.

그렇다. 그러면 남자 입장에서는 어떤 여자를 선택하는 것이 이득일까? 혹은, 어떤 여자에게 넘어간 남자가 보다 많은 자손을 남기게 되었을까? 남자는 젊은 여자를 고르는 편이 당연 유리하다! 바로 그렇게 때문에 남자가 젊은 여자를 그렇게나 좋아하는 것이다. 하지만 여기서 젊은 여자만 선택되고 다소 나이를 먹어버린 여자는 아예 고려 대상도 되지 않을 거라고 단정하기에는 너무 이르다. 젊은 여자의 수는 한정되어 있다. 게다가 애초에 호적이나 학교제도도 없고, 무엇보다 달력마저 없었던 시대에 한 인간이 정말 젊은지 아닌지를 본인이 아니면 어떻게 알 수 있겠는가. 그런 경우라면 해당 인물의 외모만이 척도가 되는 것이다.

따라서 유리한 것은 젊은 여자가 아니다. 젊게 보이는 여자인 것이다. 어리석게도 남자는 젊게 보이는 데 능숙한 여자를 고르기 시작했다. 목소리가 높거나, 호리병 모양의 체형을 하고 있거나, 금세라도 울어버릴 듯한 여자 말이다. 얼마 지나지 않아 그런 여자가 아들이든 딸이든 젊어 보이는 자식을 낳는다. 그리고 또 남자는 보다 젊어 보이는 여자를 고르고……. 이러한 과정이 되풀이되었다. 이렇게 하여 차츰 인간의 유형화(幼形化)가 진행되어온 것이다. 상체를 세울 수 있는 남자를 보고 뼈가 길다고 여자들이 착각했던 것처럼, 실은 여자도 남자를 계속해서 속여온 셈이다(주의! 이 이야기는 대부분은 내 가설이라는 점을 잊지 마시길. 왜 인간이 네오테니적이 되었는지에 관해서는 아직 결론이 나지 않았다).

그런데 인간은 네오테니적이 되어 어떤 이득을 얻었을까? 어린애 같다함은 약하고 미덥지 못하며 보호를 필요로 하기도 하므로 정말이지 골치 아픈 것이다. 실제로 마음의 문제를 보면 인간에게서 네오테니로 인한 '어른답지 못함'이 쉽게 눈에 뜨인다. 비합리적이고, 제멋대로에, 고집 세고, 울보에, 외로움도 잘 타고……. 네오테니는 초기의 인간에게는 나름의 의의를 갖고 있었겠지만 지금은 그리 고마운 것이 아니게 되었다. 공작새의 수컷은 암컷의 환심을 사기 위해 깃털에 갖은 화려함을 더해왔지만, 그 때문에 지금은 나는 데까지 지장을 초래할 정도가 되었다. 수컷이 암컷을, 또는 암컷이 수컷을 특정 취향에 따라 선택하는 일이 되풀이되면 때때로 그렇게 돌이킬 수 없는 상황이 되기도 하는 것이다. 인간도 그런 공작새의 전철을 밟고 있는 것은 아닐까?

단, 인간이 가진 네오테니적 성질 가운데 이것 하나만큼은 좋다고 말할 수 있는 것이 있다. 그것은 호기심이 왕성하다는 점이다. 인간이 넓디넓은 바다를 항해하는 것이나, 우주로 로켓을 쏘아 올리는 것이나, 땅속을 파내어 자신의 선조에 관해 탐색하는 것이나, 혹은 내가 이렇게 인간 진화에 대해 당치도 않은 이론을 늘어놓는 것까지, 모두 이 성질에 기인한다.

분별 있는 성인이 되는 일이란 한편으로는 이런 즐거움을 포기하는 것이 아닐까? 바로 그렇기 때문에 나는 각 분야에 폐를 끼치면서도 영원히 어린이로 남기를 바라고 있는 것이다.

여자에게는
남편보다 자식이 먼저다

여성의 성은
평화의 도구

인간 여자는 포유류 역사상 최초로 늘 발정한 상태의 암컷이 되었다. 발정한 상태라고 해서 잠잘 때나 깨어 있을 때나 거시기한 일이 머릿속에서 떠나지 않는다든가, 남자를 보기만 하면 곧장 달려들고 만다든가, 하는 그런 의미는 아니다.

포유류의 암컷은 보통 발정주기가 있으며, 발정상태에 있을 때는 굳이 수컷을 거절하지 않는다. 게다가 종에 따라서는 수컷에게 엉덩이를 돌린 채 꼬리를 치켜들고 몸을 부르르 떠는 등 적극성을 표현하기도 한다. 그러나 비발정기에는 완강하게 수컷을 거부해버린다. 이 점이 다른 것이다. 즉 인간 여자에게는 다소 마음이 내키지 않는 경우는 있을지언정 거부한다고 할 정도는 아니다. 늘 발정해 있다는 의미는 배란의 시기와는 관계없이 대개 언제든 받아들일 수 있다는 정도의 의미이다.

한편, 이는 인간에게는 분명 성(性)이 생식 이외의 목적으로 이용되고 있음을 의미한다. 몇십 년 전 일이지만, 데스먼드 모리스는 성이 부부의 관계를 강하게 만드는 데 이용되어왔다고 말했다.

남편이 사냥(지금으로 치자면 회사 등)을 나가 부부가 일시적으로 떨어져 있지 않으면 안 되는 생활양식은 사실 인간에게만 있는 특유한 현상이다. 엄격한 일부일처제를 취하는 긴팔원숭이, 마모셋, 티티원숭이 등은 말할 것도 없고 일부다처인 고릴라, 망토개코원숭이, 겔라다비비 등도 남편과 아내(들)는 항상 행동을 같이 한다. 또 침팬지, 일본원숭이, 아누비스비비 등은 난혼이기 때문에 애당초 부부라는 개념이 없다.

　모리스는, 인간에게 부부라는 관계가 있긴 하지만 그것이 불확실하다는 점에 주목했다. 부부의 관계가 미덥지 못한 인간이므로 남편이 사냥(일)을 하러 나갔다가도 반드시 돌아오게 하려고 여자가 항상 발정한 상태가 되었다는 것이다. 분명 그 말이 맞는다고 생각한다.

　그런데 당시 모리스는「새끼 죽이기」에 대해서는 미처 몰랐던 듯하다. 무리도 아니다.「새끼 죽이기」는 처음에는 학계에서 좀처럼 인정받지 못했고, 야생동물의 세계에서 새끼 죽이기가 발견된 것은 모리스가 이 설을 발표한 시기와 때를 같이 한다. 새끼 죽이기란 동종 내에서 다른 녀석의 새끼를 죽인다는 의미이다. 1962년에 교토대학의 스기야마 유키마루는 인도에서 하누만랑구르라는 나뭇잎만 먹고사는 원숭이가 새끼 죽이기를 한다는 사실을 발견했다. 이를 시작으로 5년 뒤에는 같은 교토대학의 스즈키 아키라가 침팬지에서, 또 그로부터 5년쯤 뒤에는 영국의 B.C.R. 버틀램이 사자에게서, 이렇게 연이어 새끼 죽이기 사실이 발견되었던 것이다. 거기다 고릴라에게서마저 가끔은 새끼 죽이기가 일어난다는 것을 알게 되었다.

사실은 그때까지 이 분야에서는 「야생동물은 동료끼리 죽이지 않는다. 그런 어리석은 짓을 하는 것은 인간뿐이다. 우리들은 야생동물에게서 배워야 하지 않겠는가」라는 콘라트 로렌츠*의 아름다운 신화가 영향력을 행사하고 있었다. 분명 이런 자연예찬적인 사고는 동물행동학의 여명기에는 받아들여지기 쉬웠으리라 여겨진다.

「새끼 죽이기」란, 좀 더 엄밀하게 말하면 젖먹이 새끼를 죽이는 것을 말한다. 대개의 포유류는 새끼가 젖을 빨고 있으면 모친의 배란이 억제되어 발정도 일어나지 않고 다음 새끼를 임신하지도 않는다. 그것은 만약 다음 새끼를 임신해버리면 모친이 유아와 태아의 이중착취를 견뎌내지 못하기 때문이다. 그래서 새끼가 젖을 떼거나

---

*비교행동학의 창시자로, 노벨 생리·의학상을 수상하기도 한 생물학자. 야생거위 관찰기 등으로 유명.

죽거나 하면 비로소 발정주기가 재개되어 배란도 일어
나는 것이다. 하누만랑구르, 사자, 고릴라, 침팬지……,
어떤 경우든 새끼 죽이기는 그 새끼의 부친이 아니라 다
른 집단의 수컷이 새끼의 어미를 발정시키기 위해 행해
진다.

또 한 가지, 당시 모리스가 몰랐던 사실은 피그미침팬
지에 관해서였다. 피그미침팬지는 일반 침팬지와 매우
닮았지만 전혀 다른 종류의 유인원이다. 침팬지의 아류
라고 생각했다가는 큰 오산이다.

그들 사회는 표면적으로는 일반 침팬지(구별을 위해
보통의 침팬지를 이렇게 부르도록 하자)와 많이 닮았다.
수십 마리의 수컷, 암컷이 대집단을 만들고 내부에서 난
혼이 행해진다. 암컷은 사춘기가 끝나는 즈음에 다른 집
단으로 이적(시집가기)하고, 수컷은 평생 동안 태어난
집단에서 머문다. 그런데 형식적으로는 그렇지만 속사
정은 180도 다르다. 일반 침팬지와는 달리 명실상부한
난혼이 이루어지며 수컷간의 순위도 분명하지 않다. 암
컷들은 결속이 강해서, 실질적으로 집단 전체를 책임지
고 돌보는 것도 예전에 그 집단으로 시집온 최고참 암컷
들이다. 다시 말해 극히 평등하고 남녀가 동등한 권리를

가진, 아니 나아가 '여존남비(女尊男卑)'라 해도 좋을 정도의 사회이다.

그리고 무엇보다 이 사회에서는 새끼 죽이기가 일어나지 않는다. 아무래도 암컷이 임신 중이라고 해도 주기적인 발정을 거듭하며(이때에는 당연히 배란은 일어나지 않는다) 출산하기 1개월 전이 되어서야 겨우 그것이 잠잠해진다는 점, 발정이 출산 후 1년도 되기 전에 또 일어난다는 점 등과 같이, 유인원으로서는 매우 이례적인 생리적 기능을 갖추었다는 데 그 원인이 있는 것 같다. 일반 침팬지의 암컷은 출산 후 4~5년 정도 수유를 계속하며, 그동안에는 발정도 배란도 일어나지 않는다. 즉 엄마이긴 하지만 암컷으로서의 역할은 휴업한다. 그런데 피그미침팬지의 암컷은 그와 똑같은 정도의 기간 동안 수유를 계속함에도 불구하고 왜 그런지 주기적인 발정만큼은 일찌감치 재개되어 암컷으로서 현역에 복귀하는 것이다.

나는 피그미침팬지의 생태를 알고 난 다음에야 비로소 인간 여자가 늘 발정해 있는 상태가 된 진짜 이유를 알게 된 것 같았다. 이 별난 유인원이 가르쳐준 것이다.

인간은 때때로 부부가 개별적인 행동을 취한다. 남편

이 집을 비운 그때, 아내에게 모르는 남자가 찾아와 구애하는 일이 생길 수도 있다. 이때 만약 그녀가 하누만랑구르나 일반 침팬지의 암컷처럼 젖먹이 아이가 있는 탓에 발정이 억제되어 있다면 어떻게 될까? 남자는 젖먹이를 죽여 그녀를 발정시키려 들 것이 틀림없다. 그런데 그녀와 자식을 지켜야 할 남편은 부재중이다. 결국 남편이 아내와 젖먹이를 남겨두고 잠시 외출하는 등의 대담한 행동을 취할 수 있는 것은 그런 긴급사태에도 대처할 수 있도록 여자가 늘 발정해 있는 상태가 되었기 때문이 아닐까?

모리스는 남자로서 자기 멋대로 생각해, 아내는 언제나 남편에게 봉사하는 법이라는 환상을 품었다. 하지만 여자 입장에서 보면, 엄격히 말해 소중한 것은 남편이 아니라 자기 자식이다. 귀여운 내 자식의 목숨을 지키기 위해서라면 남편 이외의 남자라도 경우에 따라서는 받아들이지 않으면 안 된다. 그 때문에 늘 발정한 채로 있게 되었던 것이다.

또한 편리하게도 발정은 되어 있을망정 배란은 늘 일어나지 않는다. 다시 말해 그 남자의 아이를 임신할 걱정은 없다는 뜻이다.

남편 여러분은 이 점을 깊이 새겨두기 바란다. 이런 시스템에 의한 것이니까 여자의 '부정'에 대해 이러쿵저러쿵 하지 말란 말이다!

한편 그렇다면 여자는 어떻게 해서 발정기간을 늘려 마침내 늘 발정한 상태로 있게 되었을까? 피그미침팬지 연구자인 교토대학의 구로다 스에히사가 이것의 힌트가 될 만한, 다음과 같은 지적을 했다.

먹이 배분은 인간 이외의 영장류에서는 일반 침팬지와 피그미침팬지에서만 볼 수 있는 특수한 행동이다. 특히 암컷은 발정기에 그 매력적인 성피를 수컷에게 살랑살랑 보여주기도 하고 실제로 교미를 한 뒤에 그 수컷에게서 먹이를 나누어 받기도 한다. 그렇다면 일찍이 다른 암컷보다 조금이라도 발정기간이 긴 암컷은 보다 많은 먹이를 얻을 수 있었을 것이다. 그리고 그것은 자손을 남기는 데 당연히 유리했을 터이다. 이렇게 해서 발정기간이 긴 암컷으로 진화되었다. 일반 침팬지의 암컷이 발정기간을 상당히 늘려 이미 조금씩 성을 생식 이외의 목적으로 이용하기 시작했다는 사실, 그리고 암컷 피그미침팬지가 놀라우리만큼 발정기간을 늘려 철저하게 성을 이용하고 있다는 사실, 그런 배경에는 먹이 배분이라는 문제가 있는 것이 아닐까?

나도 그렇다고 생각한다. 구로다 스에히사는 그 이상은 말하지 않았지만, 현장연구가가 아닌 탁상의 공론가로서 나는 편하게 인간 여성도 그와 똑같이 해온 것이 아니냐고 말할 수 있다. 즉, 인간 암컷은 '매춘'에 의해 여자가 되어온 것이다. 이 경우, 순서를 따지자면, 아무래도 식욕이 먼저였다고 하겠다. 먹이를 얻으려다 보니 뜻하지 않게 발정기간이 길어지고, 덕분에 새끼 죽이기 문제까지 해결되어 남편도 안심하고 사냥을 나가기 시작했다. 그리고 그 시점에서야말로 모리스가 말한 것처럼 성이 부부의 관계를 공고히 하기 위해 이용되었다, 라는 식으로 전개된 것이 아닐까? 의외로, 이런 식으로 그때그때 흘러가는 대로 진행되는 것이 인간의 역사가 아닐까 하는 생각이 든다.

기러기 부부의 실상

애는 안나을거야?

콘라트 로렌츠는 동물행동학의 아버지라 불리며 수많은 동물들에게 둘러싸여 행복한 일생을 보낸 사람이다. 최근의 젊은 연구자들 사이에서는 그의 과거 언동에 관해 한마디씩 비판하는 풍조가 있어서 나도 그만 덩달아 끼어들 때가 있다. 하지만 그의 업적의 대부분은 지금도 빛을 잃지 않고 있다. 덩달아 끼어들기 쉬운 만큼 모두들 내심으로는 조금 후회하고 있기도 하다(콘라트 로렌츠는 이 글이 실린 뒤 약 반년 후에 숨을 거두었다).

그를 일약 유명하게 만든 것은 역시 각인(imprinting)의 발견일 것이다. 각인이란 어떤 시기의 동물의 새끼가 무조건 「이런 거구나」 하고 익히게 되는 현상으로서, 「학습」과는 조금 다르다. 예를 들어, 기러기나 오리 등의 새끼는 알을 깨고 나온 이후 몇 시간 동안에 가까운 곳에 있는 물체 중에서 가장 인상 깊은, 그리고 움직이고 있는 물체를 각인하게 된다. 즉, 이 경우에는 따라가야 할 물체를 각인하게 되는 것이다. 그리고 그 인식은 어른이 될 때까지 없어지지 않는다. 자연상태라면 100이면 100, 자신의 어미를 각인하게 되지만, 실험실에서는 조금 장난을 쳐서 태엽장치로 움직이는 장난감을 어미라고 믿게 만들 수도 있다. 장난감 오리를 필사적으로

따라 걷는 새끼들의 모습은 애처롭기도 하고 우스꽝스
럽기도 하다. 로렌츠는 몇 번씩이나 인공적으로 새끼를
부화시키고 부화 때마다 입회해서 그들에게 자신을 각
인시켰다. 그런데 그때마다 반드시 아침산보부터 시작
해 낮잠을 자든 수영을 하든 간에 거의 쉴 틈도 없이 새
끼들이 따라다녀 곤란한 처지가 되기도 했다.

꽤 영리한 새라는 것들도 이런 상태가 되어버리니 각
인이라는 현상은 정말 무서운 것이다. 그런데 인간에게
도 주위 사람들의 습관이나 언동, 또 가치관까지 무조건
적으로 받아들이고 마는 시기가 있다. 그리고 그렇게 받
아들인 것은 거의 평생 동안 고쳐지지 않는다. 「세 살 버
릇 여든 간다」는 말이 있는데, 이 속담은 실로 각인에 대
해 해설하고 있는 것이다.

한편 로렌츠가 각인 실험에서 즐겨 이용한 새는 회색
기러기이다. 회색기러기는 유럽과 아시아 북부에 사는
물새로, 이것을 가축화한 것이 거위이다. 사실은 별거
아닌 새이지만, 지금부터 소개할 놀랄 만한 사실이 발견
된 바 있다.

원래 회색기러기는 부부애가 강한 새로 알려져 있다.
암수 한 쌍의 인연은 성적으로 미숙한 어릴 적부터 형성

되어 때로는 반세기에 걸친 긴 생애 동안 조금도 약해지는 일이 없다고 한다. 그들의 부부생활 속에는 질린다든지 싫어진다든지 하는 말은 도무지 찾아볼 수가 없다. 또 불행하게도 한쪽이 여우의 먹이가 되거나 병으로 죽거나 하면 남겨진 한쪽은 어김없이 고개를 푹하고 떨어뜨리는 것처럼 보인다. 꼼짝 않고 지면에 웅크리고 있거나, 식욕이 떨어져 비쩍 여위어가기도 한다.

그런데 로렌츠는 원리주의자와 같은 그들의 부부생활을 조사해가던 중에 의외의 사실을 발견하고 만다. 틀림없이 한 쌍이라 생각했던 두 마리가, 사실은 수컷 사이인 경우가 종종 있었던 것이다. 그가 착각한 것도 무리가 아니다. 이 새는 외견상 거의 성차(性差)가 없는 데다 이런 두 마리는 보통 부부와 완전히 똑같이 행동하기 때문이다. 다시 말해 '교미'까지 하려 하는 것이다. 물론 뜻대로 되지는 않는다. 회색기러기의 교미는 보통 물위에서 수컷이 암컷 위에 올라탐으로써 이루어지는데, 문제의 커플은 서로 상대방을 암컷이라고 생각하는 통에 서로 올라타려고만 하는 것이다. 몇 번인가 실패를 거듭하는 동안에 자신들의 어쩔 수 없는 운명을 깨달을 만한데, 놀랍게도 이듬해 번식기에도 역시 동일한 상대와 교

미를 하려 든다. 그리고 다시 처음부터 시작하는 것이
다. 일반 커플이나 마찬가지로, 동성애 기러기 부부도
이혼을 고려하는 기색이 없다.

그건 그렇다 치고, 수컷끼리 아무리 교미를 하려 한들
새끼가 생길 리 없다. 그들의 노력은 완전 헛수고이고,
그런 수컷에게는 슬픈 반평생만 남는 것일까? 그러나 만
약 그들의 일련의 행동이 헛수고라 한다면, 왜 그런 무
의미한 행동이 오늘날까지 남아 있는가가 의문이다.

사실 회색기러기 사회에는 서열이 분명한 직선적 순
위관계가 있다. 그것은 주로 싸움(싸움이라고 하지만 상
당히 의식(儀式)화 되어 있다)을 통해 얼마나 강한가의
여부로 결정되며, 수컷은 보통 암컷보다 강하기 때문에
높은 순위를 차지한다. 또 부부단위의 사회적 순위도 있
는데, 그것도 주로 수컷의 순위에 따라 결정된다. 그렇
다면 수컷만으로 이루어진 '부부'란 도대체 어떤 존재일
까? 순위는 어떻게 자리매김되는 것일까? 답은 이렇다.
수컷끼리의 동성애 커플은 수컷 혼자, 암컷 혼자인 경우
는 물론이고 수컷과 암컷으로 구성된 어떤 커플보다도
높은 순위를 차지할 수 있는 것이다(이것이 으뜸가는 이
득이다).

한편, 암컷 회색기러기 또한 높은 순위의 수컷에게 매력을 느끼는지 이윽고 동성애 커플 중 한 마리를 사랑하는 젊은 암컷이 나타나게 된다. 그녀는 지치지도 않고 교미 시도를 되풀이하는 그들 옆으로 우연인 척하면서 헤엄쳐 간다. 그리고 자신이 사랑하는 수컷을 향해 몸을 납작하게 뻗어 교미자세를 취해 보인다. 그러면 어떻게 될까? 그는 그녀의 유혹에 응해 등에 올라타고는 교미를 하는 것이다.

그런데 걸작인 것은 그 다음이다. 그가 그녀의 등에서 미끄러져 내려오면 야단법석을 피우며 사랑하는 수컷 쪽으로 방향을 돌려 머리와 꼬리, 날개를 세우고는「아냐 아냐, 방금 그건 넌 줄 알고 그랬던 거야」라고 말하려는 듯, 필사적으로 교미 후의 의식을 거행한다. 이쯤에서 보통은 상대편 수컷이 꽤 화를 낼 만도 한데, 그쪽은 이 사건에 대해 조금도 개의치 않는 모습을 보인다. 회색기러기라는 새는 일상적인 인연과 교미를 뚜렷이 구별해 생각하는 것 같다.

그러면 이 수컷과 암컷과의 교미는 마가 끼었다고 해야 할지, 아니면 뭔가 우발적인 사건이라고 보아야 할지. 수컷끼리의 인연은 상당히 단단해 보여서, 그것을 넘지 못한 암컷이 끝내 포기하고 마는 것처럼 보이기도 한다. 그런데 교미는 한쪽 수컷과 암컷이 행하고 교미 후의 의식은 수컷끼리 이루어지는 이상한 형식이 그 후에도 몇 번이고 거듭된다. 그리고 항상 행동을 같이 하는 기묘한 트리오가 콜로니* 안에 정착해간다. 잘 생각해보면, 이 트리오는 싸움을 통해 사회적 순위를 정할 때 그들이 몇 마리로 이루어져 있는지, 성별이 무엇인지를 따지지 않는 회색기러기 사회의 맹점을 교묘하게 찌르고 있는 셈이다. 그렇게 해서 수컷 두 마리 때보다 한층 더 강력한 연합을 만드는 것이다(이것이 두 번째 이득).

이러저러 하는 동안에 암컷이 알을 낳고 새끼가 부화한다. 그러면 사치스럽게도 새끼들은 세 마리의 '부모'에 의해 소중하게 보호되고 길러진다. 그들은 평범한 커플에게서 태어난 새끼에 비해 살아남는 데 있어 상당히 유리하다(이것이 세 번째 이득).

이렇게 보면 회색기러기의 동성애는 단순한 동성애가 아닌 것 같다. 참으로 다양한 장치가 있다. 그중에서도

---

*colony. 한 지역을 일정 기간 점유하는 동종 또는 여러 종으로 된 생물의 집단.

가장 주효한 것이 조금 변형된 순위제이다. 그들 사회에서는 동성애가 순위의 계단을 올라가는 하나의 전략, 혹은 방편이라 할 수 있는 것이다.

인간의 동성애에 대해서도 이와 비슷한 생각을 할 수 있지 않을까? 동성애를 무의미하고 병적인 성적 취향으로 취급하는 것은 뭔가 이상하지 않은가.

유명한 킨제이 보고에 따르면 미국에는 10% 내외의 남성동성애자가 존재한다고 한다. 소수파라고는 할 수 있어도 이상집단이라고 말하기는 어려운 수치이다. 그런데 다수파에 속하는 사람들은 동성애자를 약간 호기심 어린 눈길로 바라보며, 그들 자신 또한 그 사실을 감추거나 한다. 우선 그 점이 이상하다. 또 동성애자가 서양인 중에 많고 동양인에게서는 적은 경향이 있다는 점, 여자 동성애자가 남자의 경우에 비해 훨씬 적다는 사실 등등. 이러한 사실의 면면을 종합해보면 아무래도 '전략'의 냄새가 감도는 것 같다.

남자는 왜 동성애자가 되는 걸까? 자손을 남기는 데 명백히 불리한 성질이 왜 오늘날까지 남아 있는 것일까?

전쟁과 동성애의 수상한 관계

그 유명한 킨제이 보고에 따르면 미국에서는 남자의 10% 전후가 동성애자라고 한다. 킨제이는 한마디로 동성애자라고 말하면서도 평생에 걸쳐 동성애만 일관한 것인지, 한 시기(예를 들면 사춘기 몇 년 동안)만 그랬는지, 아니면 양성애자인지를 구별해서 조사했다. 그가 어떤 이유에서 그랬는지는 모르겠지만, 어쨌든 이런 분류는 진화생물학적 관점에서 동성애의 의미를 파악하고자 한다면 분명 적당히 지나칠 수 없는 문제였을 것이다. 킨제이의 보고 내용은 대략 다음과 같다.

평생에 걸쳐 동성애로 일관했던 남자는 약 4%, 16~55세 동안('번식' 가능한 시기라는 의미일 것이다)에 동성애를 주로 했다는 남자는 약 13%이다. 이를 '과거' 3년 동안에 동성애를 주로 했는가(즉, 「현재 동성애자인가?」라는 의미로 여겨짐) 하는 형태로 질문을 바꾸면 10%라는 수치가 나온다.

앞에서도 말했듯이, 그 10%에 해당하는 사람들을 소수파라고 할 수는 있어도 비정상이라고 낙인찍을 수는 없다. 동성애는 본래 조금도 비난받을 바가 없는 특성인 것이다. 그런데도 그것이 용인되는 사회는 거의 없다. 그 점이 아무래도 수상하다. 뭔가 있다는 생각이 든다.

원래 동성애는 선천적인 것일까, 아니면 후천적인 것일까? 이렇게 유전이냐 환경이냐라는 문제에 반드시 이용되는 연구방법이 쌍둥이에 대해 알아보는 것이다. 다시 말해, 이 경우라면 유전적으로 완전히 똑같은 일란성 쌍둥이 그룹과 단지 동시에 태어나기만 했을 뿐인 형제 – 이란성 쌍둥이 그룹으로 나눠, 어느 쪽의 쌍둥이 중 한쪽이 동성애자인 경우에 다른 쪽도 그런가 하는 일치율을 조사하는 방법이다. 한 쌍의 쌍둥이는 일란성이든 이란성이든 환경조건은 똑같다고 봐도 무방하다. 만약 일란성 그룹 쪽이 이란성 그룹보다 일치율이 높다는 결과가 나오면 그 차이는 바로 동성애에 유전이 관여하고 있기 때문이라고 볼 수 있게 된다. 또, 만약 두 그룹이 차이가 나지 않는다면 동성애와 유전은 전혀 관계없고 환경만이 문제라는 얘기가 된다.

F.J. 칼만은 우선 적어도 한쪽이 동성애자라는 사실을 아는 몇십 쌍의 쌍둥이를 조사해보았다. 그러자 놀랍게도 일란성 쌍둥이에서는 일치율이 100%라는 결과가 나왔다. 그렇다면 동성애가 되는지 안 되는지는 거의 틀림없이 유전에 의해 결정된다는 의미가 되어버린다. 아무리 그래도 뭔가 이상하다고 여겨 다른 몇 명이 다시 연

구 조사해보았더니, 그 결과는 도무지 흐리멍텅했다. 일란성의 일치율은 분명히 이란성보다 높았지만, 그 수치는 조사를 한 연구자에 따라 다양해서 심지어 60%라는 수치가 나오기도 했다. 그런 수치라면 동성애에는 유전과 환경 모두가 적당히 영향을 미치고 있다는 얘기가 된다. 어쨌든, 오로지 유전에 의해서라거나, 혹은 환경에 의해서라는 식의 결과는 없는 것 같은데, 어느 쪽 영향이 더 큰가 하는 것은 아직 밝혀지지 않았다. 동성애 연구는 연구자나 시험대상자의 주관적인 문제도 있어 간단하지 않은 것 같다. 그러므로 동성애가 유전에 의한 것이냐 환경에 의한 것이냐 하는 문제에는 집착하지 않고 이야기를 진행하기로 한다. 우선 남성동성애의 원인에 관한 대표적인 가설을 몇 가지 소개한다.

먼저, 「과보호에 독점욕이 강한 엄마와 힘없는 아빠 사이에서 성장하면 남자로서 어떻게 행동해야 할지, 그 방법을 학습하지 못해 동성애자가 되기 쉽다」, 「과보호인 엄마와의 밀착을 단절하지 못하면 엄마와 자신을 동일화, 엄마의 입장이 되어 자신과 닮은 대상을 사랑한다」는 식의 심리학적, 정신분석학적 설명.

분명히 말하지만 이런 설명은 나로서는 순순히 받아

들일 수가 없다. 이런 종류의 설명이야말로 동성애를 병
적인 성벽(性癖)으로 보고 있다는 증거가 아니냐는 생각
마저 든다. 그렇다면 미국에는 남자 10명 중 한 명이나
그런 '병'에 걸려 있다는 말인가?

　다음은 내가 상당히 동감하고 있는 남성동성애 = 네
오테니 설이다. 네오테니는 앞에서도 말했듯이 어린아
이의 성질과 외모를 유지하면서 성인이 되는 것을 말한
다. 누구든 사춘기 초기에는 이성이 싫다고 느끼거나 오
히려 동성 친구 쪽에 끌리는 시기가 있는데, 남성동성애
자는 네오테니적이어서 그 단계에 머물러 있는 것이라
고 보는 이론이다. 이렇게 생각하면, 평생에 걸친 동성
애든 사춘기에서 청년기에 걸친 일시적인 동성애든 간
에 설명이 쉬워진다. 동성애 경향이 있는 사람들은 성애
(性愛)에 관해서는 평생 사춘기 상태를 유지하거나 아주
천천히 성장한다고 보는 것이다(그렇게 생각해보니, 남
성동성애자로 유명한 사람들은 실제로 네오테니적 풍모
를 지닌 경우가 많다).

　그런데 남성동성애가 서양인에 많고 동양인에 적다는
경향은 이 설과 모순된다. 오히려 동양인 쪽이 훨씬 네
오테니적인 인종이기 때문이다. 그런 이유도 있어서 나

는 이 훌륭한 가설을 지지하는 데는 주저하고 있다.

마지막으로는 생리학자들이 주장하는 설이다. 이는 태아기의 뇌의 성분화(性分化)에 착안한 것인데, 참으로 설득력이 있다. 나도 이 가설을 가장 지지하고 싶다.

태아의 성별은 우선 수정되는 그 순간에 결정된다. 태아는 모친의 체내에서 남녀를 불문하고 저마다 몇 단계의 프로세스를 거쳐 성장한다. 그중 남아에 한해서는 임신 3개월경에 자신의 정소에서 대량의 안드로겐(남성호르몬)을 자기 체내에 방출하는데 그것이 뇌까지 도달한다. 이렇게 해서 뇌가 장차 남성의 뇌가 되도록 준비해 두는 것이다. 문제는 뇌가 안드로겐으로 충분히 샤워하느냐 못하느냐에 있다. 동성애자가 되기 쉽냐 아니냐는 이 과정과 깊이 관련되어 있는 것 같은데, 이는 다음과 같은 실험을 통해 밝혀졌다.

미국의 워드는 임신한 쥐(실험용 시궁쥐)에게 임신 14일째부터 21일까지의 일주일 동안 매일 3회씩 플라스틱 튜브 안에 45분 동안 가둬놓아 극심한 스트레스를 가해보았다. 차별해서는 안 되겠지만, 시궁쥐란 정말이지 뻔뻔스럽고 귀엽지 않은 쥐이다. 나는 이 쥐에 대해 좋게 말하는 사람을 지금까지 단 한 번도 본 적이 없다. 그러나 시궁쥐가 밉다고 그런 동물학대를 계속한 것은 아니다. 워드는 연구를 위해 마음을 모질게 먹었던 것이다.

그 결과 알게 된 사실은 상당히 주목할 만한 것이었다. 그런 스트레스를 받은 어미에게서 태어난 수컷 시궁쥐는 다 자라서 수컷의 성행동인 마운트(말타기)를 하지 않고 대신 암컷의 성행동인 로도시스(등을 활처럼 앞으로 굽히기)를 한다는 사실이다. 또 암컷은 조금도 이상한 행동을 하지 않아서 어미의 스트레스는 수컷 태아에게만 영향을 미치는 것 같았다. 하지만 실은 워드가 스트레스를 가한 때가 마침 수컷 태아의 뇌가 인간의 경우와 마찬가지로 안드로겐 샤워를 받아야 할 시기였던 것이다. 이 실험에서 안 것은 우선 어미가 받은 스트레스는 태아의 안드로겐 작용을 억제한다는 점, 그리고 안드로겐에는 수컷이든 암컷이든 본래 가지고 있는 '암컷'의 성행동을 억제하고 '수컷'의 성행동을 불러일으키는 작용이 있다는 사실이었다.

인간의 뇌라는 것도, 본래는 여성의 뇌이다. 그것이 남성의 뇌가 되기 위해서는 태아기에 안드로겐 샤워를 충분히 받는, '세례'를 받아야만 한다. 그런데 모체가 심한 스트레스에 처하거나 하면 제대로 세례를 받지 못한다. 그 상태로 성장하면 몸은 남자지만 마음은 여자인 상태가 될 수 있는 것이다.

한편, 이런 연구를 염두에 두었던 것일까? 동독의 G. 더너는 전쟁이 모체에 미치는 스트레스와 남성동성애와의 인과관계에 관해 조사했다. 그는 1934년부터 1953년 사이에 독일에서 태어난 남자들 중에서 특히 1942년부터 1947년에 걸쳐 태어난 사람들 중에 남성동성애자가 눈에 띄게 많은 경향을 발견했다. 말할 것도 없이 이 시기는 독일의 전 국토가 전쟁터로 변한 시기였으며 전쟁이 끝나고도 혼란 상태가 계속되어 사람들은 마음 편히 지낼 여유가 없는 때였다. 남자 태아는 예의 시궁쥐들과 똑같은 조건에 처해 있었던 것이다.

전쟁이라는 스트레스가 미래의 남성동성애자 수를 증가시킨다. 반대로 평화시에는 그렇게 되지 않는다. 전쟁이 인간에게 초래한 불행처럼 여겨지는 이 현상이 진짜 「불행」일까? 또 애초부터 동성애자가 서양(예로부터 서양은 전쟁이 많았다)에 많고 동양에 적은 경향. 이 또한 연구해볼 가치가 있다.

전쟁과 동성애 – 정말 수상한 것은 이 둘의 관계인 것이다.

동성애라는 전략

꽤 오래전 일인데, 『전장의 메리 크리스마스』라는 영화가 굉장한 평판을 불러일으켰던 적이 있었다. 오시마 나기사* 감독이 만든 일본과 영국의 합작영화인 이 영화에는, 어째서인지 여자가 나오지 않는다. 출연자는 모두 쟁쟁한 남자들이다. 그중에는 데이비드 보위도 있었다. 나는 전부터 그의 팬이기도 하고 해서 좌우지간 서둘러 영화관으로 갔다.

그런데 이 영화에는 함정이 숨어 있었다. 데이비드 보위의 아름다운 모습을 만끽할 틈도 없이, 전편에 흐르는 묘한 분위기에 나는 완전히 사로잡히고 말았다. 스토리 전개도 난해했다. 덕분에 나는 두 번 세 번 극장을 찾았다. 당연히 집에서 텔레비전으로도 봐서 이제는 도대체 몇 번이나 봤는지 확실히 모를 정도가 되었다.

영화 초반부에서는 조니 오쿠라가 연기한 조선인 군무원이 포로인 네덜란드인 병사에게 동성애 행위를 했다는 의혹을 받아 기타노 다케시가 연기한 하라 중사에게 힐문을 받는다. 무대는 2차 세계대전 당시 인도네시아 자바의 일본군 포로수용소이다.

---

*일본의 세계적인 영화감독.

여기서 우선 주목해야 할 것은, 그가 일본인이 아닌 조선인으로 등장한다는 사실일 것이다. 동성애 행위의 진위는 둘째치고 그 사건 하나로 말미암아 그는 일본군에 대한 충성심을 의심당하게 된다. 그리하여 끝내 조니 오쿠라는 할복형에 처해지고 모국어로 「어머니」 하고 외치며 죽는다.

남성동성애란, 특히 군대 내에서는 도저히 달가울 수 없는 행위이다. 무엇보다 동성애란 병사들의 사기를 떨어뜨리고 집단의 질서를 어지럽히기 마련이다. 군대란 곳에서는 남성의 공격성을 어떻게 하면 효과적으로 끌어내어 적에게로 돌릴지가 가장 중요한 과제이므로 남성동성애자는 애물단지 취급을 당할 수밖에 없다(남성 동성애가 남성 간의 유대를 강화시킨다는 설도 있지만, 그때 강화되는 것은 특정 남자들끼리의 유대이지 군대 전체가 아닌 것이다).

만약 그 남자가 조선인이 아니라 일본인이었다면, 아마 처형까지 당하지는 않았을 것이다. 그는 군대에는 잘 맞지 않은 인간이었지만 애국심은 충분한 사람이었다. 그러므로 동성애 행위가 발각되었다고 해도 다치거나 병든 병사로 취급되어 나중에는 고향으로 송환되었을

터이다. 그리하여 돌아간 고향에서 애국자 대접은 받지
못할지언정 전쟁터에서 죽는다는 커다란 위험에서는 해
방되는 행운을 누렸을 것이다.

　여기서 여러분은 탁 하고 무릎을 치며 「그래, 남성동
성애자는 전장에서 죽음을 피한다. 동성애의 유리한 점
이 그거였구나」 하고 알아챌지도 모르겠다. 일단은 그렇
다. 여기서 내가, 「하지만 남성동성애자는 자식을 남기
지 못하잖아요. 자식을 남기지 못한다면 아무리 오래 산
다 한들 의미가 없지 않나요?」라고 말한다고 치자. 그
럼, 이 심술궂은 지적에는 어떻게 반론하면 좋을까? 한
가지 방법은 이렇다.

　간접적이라도 괜찮다면 그도 자식을 남길 수 있다. 즉
혈연자가 자식을 만들면 그와 공통되는 유전자가 남겨
진다(이를 「혈연도태」라고 한다). 게다가 그가 특수한 재
능을 갖고 있어 혈연자의 번영을 위해 크게 공헌할 수
있는 경우라면, 그의 불임은 전혀 걱정할 필요가 없어진
다. 동성애자들 중에서 예술이나 팝아트 등에서 다양한
재능을 타고난 사람이 심심치 않게 보이는 것은 그 때문
인지도 모른다는 견해마저 있다.

　단, 여기까지의 이야기에서는 아직 '진성(眞性)' 남성

동성애자(평생을 동성애로 일관하는)에 대해서만 고려한 것이다. 일단 나는 일시적인 동성애나 양성애는 고의적으로 빼고 '진성' 동성애의 의미만을 살펴보았다(그러기 위해 독자 여러분을 조금 유도했다). 동성애에 관해 적극적인 의미를 발견할 수 없는 이유는 아마도 그 탓일 것이다.

그래서 이번에는 '가성(假性)' 동성애에 관해 생각해 보고자 한다. 킨제이 보고서를 보면 알 수 있듯이 동성애의 주류는 이쪽인 것이다.

그들은 결코 자식을 만들 수 없는 존재들이 아니다. 그러나 언뜻 보기에 자식을 남기는 경쟁에서 상당히 제자리걸음을 하거나 헛된 활동을 하곤 한다. 예를 들어, 양성애인 사람이 번식상의 성공을 바란다면, 남자와의 활동을 접고 여자에 전념하는 편이 훨씬 유리하지 않겠는가.

바로 이 시점에서, 우리는 동성애자가 군대에 적합하지 않다고 하여 배제되는, 아니면 애초에 병사를 채용하는 단계에서부터 제외되는(그런 경우도 있다) 현상을 떠올려보자. 그렇게 보면, 그들이 보이는 일련의 불가해한 행동의 의미를 알 수 있다. 그 또한 병역을 피하기 위한 방편이 아니겠는가.

실제로 동성애를 경험한 적이 있는 사람들은 그것을 「사춘기나 청년기의 한때의 방황」으로 회상하는 경우가 많은 듯하다. 그리고 보니 한층 더 이 추론에 자신감이 솟구친다. 병역검사는 분명 그 시기에 이루어지지 않느냐 말이다!

내가 이런 식으로 파고들면 「아니 이런, 또 예의 궤변이 시작됐군」 하고 여길지도 모르겠다. 뭐라 해도 상관없으니 궤변을 하나 더 덧붙여두기로 한다.

이것도 '진성' 동성애에 관해서가 아니라 '가성' 동성애에 국한된 설명이다. 논리적인 뒷받침이 충분한 것 같지는 않지만, 그래도 상당히 폭넓게 받아들여지고 있는 가설이다. 「얌체 수컷(sneakers) 전술」이라고 하는 이것은, 생식활동에 참가하지 않는 척, 인간과 가축에 무해한 수컷인 척하면서 실제로는 몰래 자식을 남긴다는 방법이다.

그 발상만 보자면 그다지 기상천외한 것이라고 말하기는 어렵다. 예를 들어 선피쉬라는 물고기의 수컷 중에는 암컷이 낳은 알에 지금 막 정자를 뿌리려는 수컷과 상대 암컷 사이에 끼어들어가 눈 깜짝할 사이에 재빨리 자기 정자를 뿌려 자식을 만들어버리는 놈들이 있다. 그때 피해자 측 수컷은 이 침입자를 암컷으로 착각하여 접근을 허락하고 마는 것 같다. 그런가 하면 겁나게 몸을 발달시킨 수컷끼리 서로 힘을 겨뤄 싸움에 이긴 상위 몇 마리만이 암컷과의 교미권을 얻는 코끼리바다표범 중에도 이 전술을 쓰는 녀석들이 있다. 교미권 경쟁 싸움에 얼굴도 내밀 수 없을 정도로 약한 사춘기의 약소 수컷이 몸이 작다는 점을 역으로 이용하여 암컷인 척하고 하렘 안으로 잠입한다. 그리고 재빠르게 교미를 해버리는 것이다.

이러한 현상들을 고려할 때, 양성애인 남성들은 분명 전형적인 얌체 수컷이라 할 수 있다. 그런데 인간 남자의 경우에는 선피쉬나 코끼리바다표범에게는 없는, 전쟁이라는 특수한 사정이 있다. 그 점이 무엇보다 중요하다. 나는 동성애를 설명하려면 먼저 전쟁을 고려하고, 다음으로 「얌체 수컷」 같은 점을 고려해야 되지 않겠느냐는 견해를 가지고 있다.

병역을 면제받기 위해서는 이과계 남자처럼 무기를 만드는 등 간접적으로 전쟁에 공헌할 수 있는 것이 가장 유용한 이유가 되겠지만, 그와 반대로 허약 체질이라서

'쓸모가 없다'는 성질도 이유가 될 수 있다. 몸이 그다지 건강하지 않다든가, 사실은 꽤 건강하지만 허여멀건 하니 아무리 봐도 건강해 보이지 않는다든가 하는 특성이 어쩌면 인간의 역사 속에서 상상 이상으로 유리하게 작용했을지도 모른다.

그리고 그러한 부분의 최고봉은 남성동성애라고 할 것이다. '가성' 동성애자는 더 이상 병사로 채용될 위험이 없는 연령에 이르고 나면(그전에도 「얌체 수컷」으로서 몰래 자식을 남기는 것이 가능하다), 당당하게 이성애자로서의 행동을 개시하면 된다. 이 정도로 뛰어난 전략은 넓디넓은 동물계에서도 달리 찾아보기 힘들다(병역 검사를 하는 동물이 있다면 몰라도).

그런데 전부터 신경 쓰이는 사실이 있다. 미국의 캘리포니아 주와 뉴욕 등에서 보이는 남성동성애자의 이상 발생이다. 애초에 발생이라고 이름 붙이면 안 될 것이, 대개는 남성동성애자들이 친구를 찾아 모여들거나 그들이 지닌 특수한 재능이 특정한 직업을 선택함에 따라서 생긴 현상일 것이다. 그러나 그렇다고 해도 서양인에게 동성애자가 많다는 사실은 틀림이 없다. 더욱이 동성애가 만약 '문명병'이라면 왜 벌써 선진국이 된 일본에서는 맹위를 떨치지 않는 것일까?

이런 의문에 대해서야말로「동성애 = 병역회피 전략」설이 설득력을 가지지 않을까? 대략적으로 보면, 오랜 옛날부터 서양은 전쟁이 많았다. 유목민으로서의 전통에 따라 주변 나라들과 서로 심각한 침략 전쟁을 거듭해 왔다. 남자들은 전쟁에 나가 죽지 않으려고 온갖 수단을 동원했을 것이(그렇지만 당사자들은 전혀 의식하지 못한 상태에서) 당연하다.

또 앞서 쓴 바와 같이, 임신 중인 모친이 전쟁과 같은 맹렬한 스트레스에 처하면 그 결과에 의해 남자아이가 동성애자가 되기 쉽다는 이야기도 있다. 이에 대해 전시 상황이라는 세상의 움직임을 몸으로 느낀 모친이 자기 자식을 전쟁터에 보내지 않기 위해 동성애 전략을 전수해준 것이라고 재차 날카로운 견해를 취한다면 여러분은 그냥 웃고 말지 모른다.

이야기가 조금 복잡해지고 말았는데, 『전장의 메리 크리스마스』에서는 종반부에 이르러 데이비드 보위가 극도로 긴장한 수백 명의 포로와 일본 병사들이 보는 와중에 사카모토 류이치를 꽉 껴안고 뺨에 키스를 하여 그를 기절시켜버리는 명장면이 있다.

여기에 동성애가 지닌 또 한 가지 매우 중요한 의미가
담겨 있다고 생각되는데…….

평화에 기여하는 동성애

남자의 동성애는 군대 내 규율을 어지럽히고 병사들의 사기를 약화시킨다. 동성애를 묵인하고서는 강한 군대를 만들 수 없다. 남성동성애자는 골치 아픈 존재들이다. 동성애자는 발견 즉시 보고하라…….

그런데 이제까지의 인간 역사 속에서 동성애를 단속하지 않거나 동성애자를 이상한 사람으로 취급하지 않았던 사회가 있었던가. 어쩌면 꽤 있었는지도 모른다. 그렇지만 그런 사회는 오합지졸인 군대밖에 만들 수 없었던 탓에 이웃 국가들의 침략에 맥없이 당하고 말았을 것이다. 현존하는 사회들이 동성애를 백안시하는 경향을 지닌 것은 그런 역사가 깔려 있기 때문이 아닐까(사회나 군대가 동성애자를 단속하기 때문에 동성애자가 증가하는 것이라는 패러독스 〈남성동성애 = 병역회피 전략설〉에 관해서는 앞에서 기술한 대로이다).

그렇다면 그와 반대로, 도저히 침략을 받을 리가 없을 듯한 변경이나 자원도 부족하고 매력도 없는 땅이어서 군대를 가질 필요가 없고, 그에 따라서 동성애자도 단속하지 않는 기적 같은 사회가 있다손 쳐도 이상할 것이 하나 없을 것이다. 실제로 최근에 티베트의 오지에 그런 사회가 있다는 소문을 언뜻 들었는데, 그 이야기가 어느 동네 이야기이든 간에 인적미답의 땅에 전쟁 없는 평화로운 사회가 존재한다는 이상향(理想鄕) 전설이 아주 거짓말은 아닐 것 같다는 생각이 든다.

어쨌든, 여기서는 동성애를 이용해 믿어지지 않을 만큼 평화로운 사회를 구축하고 있는 동물을 소개해본다. 그것은 바로 피그미침팬지이다. 중복되는 부분이 있더라도 이해해주기 바라며, 먼저 그들의 생태부터 살펴보겠다.

그들은 그 이름에서 예상되는 바처럼 작은 침팬지는 아니다. 일반 침팬지(common chimpanzee)보다 한 사이즈 작은 정도이다. 서서 걷는 것이 주특기로, 그 모습만으로도 범상치 않음을 느낄 수 있다. 연구가 진행되자, 역시 상상을 불허할 정도의 이상한 생태들이 밝혀졌다.

피그미침팬지와 일반 침팬지는 지금부터 510만 년쯤 전에 공통의 선조에서 갈라져 서로 다른 종이 되었다. 그것은 아프리카 중앙부에 자이르 강(콩고 강의 별칭)과 그 지류인 카사이 강이 생기고, 그 두 강 사이에 끼어서 주변과 동떨어진 땅이 생기는 데서 비롯된다. 그 외따로 떨어지게 된 장소에 살고 있는 것이 문제의 피그미침팬지이다.

그들도 일반 침팬지와 마찬가지로 복수의 수컷과 복수의 암컷으로 구성된 대집단을 이루어 생활하며 난혼(亂婚)적 사회를 이룬다. 또한 집단을 옮기는 것은 암컷쪽이다. 여기까지 겉보기로는 피차 비슷한 사회이다. 그러나 일반 침팬지들과는 달리 수컷 간의 순위가 분명하지 않고, 수컷이 암컷을 유혹해 사랑의 도피행각을 벌이는 일(콘소트)도 없다. 집단 안에서는 철저한 난혼이 이루어지며, 교미를 둘러싸고 수컷끼리 싸우는 일도 없다. 이에 대한 첫 번째 이유는 같은 집단 내의 수컷들이 애당초 호의적 관계를 이루고 있기 때문이라고 한다. 그런데 이런 수컷끼리의 인연은 때때로 서로 다른 집단을 넘어 싹트는 경우가 있는 것 같다. 어떤 연구자는 다음과 같은 장면을 목격했다.

어느 날, 두 개의 피그미침팬지 집단이 사육장(피그미침팬지 연구자는 먹이를 주면서 관찰하는 경우가 많음)에서 딱 마주쳐 거의 일촉즉발의 상황에 이른 적이 있었다. 한쪽 집단의 리더 수컷이 사탕수수를 쳐들고 다른쪽 리더를 위협하며 막다른 곳까지 몰아붙였다. 쫓긴 쪽도 돌아보더니 상대를 날카로운 시선으로 번뜩 하고 노려보았다. 보통은 그렇게 험악한 상태에는 이르지 않았는데, 그날은 왠지 달랐다. 몇 미터를 사이에 두고 대치하게 된 양측은 잠시 손발이 묶인 듯 꼼짝 하지 않는 상태에 빠졌다. 도대체 얼마나 시간이 흘렀을까? 그런데 공격을 당했던 쪽 수컷이 먼저 돌진했다. 거의 동시에 상대편도 돌진. 이제 격돌하는구나 하고 생각한 순간, 동시에 휙 하고 등을 돌렸다. 그리고 「히익~」 하고 비명을 지르며 엉덩이를 붙이고 동성애 행위를 시작해버린 것이다. 『전장의 메리 크리스마스』의 데이비드 보위와 사카모토 류이치처럼!

보위는 사카모토의 뺨에 키스를 했지만 피그미침팬지의 경우는 훨씬 과격했다. 수컷 피그미침팬지의 동성애 행동에는 「뒤로 올라타기(mount)」, 「엉덩이 비비기(rump-rump contract)」, 「음경 비비기(penis-fencing)」, 「교미 흉내」 등 크게 네 종류가 있다. 각각이 무슨 뜻인지는 상상에 맡기기로 하고, 이렇게 해서 리더끼리 동성애 행위를 시작하면 죽 늘어앉은 다른 녀석들은 순식간에 긴장 상태에서 해방된다. 그리고 사이좋게 사탕수수를 먹고 그날 밤은 같은 숲에서 머물렀다는 이야기이다.

같은 집단이든 다른 집단이든 간에 피그미침팬지는

수컷의 공격성을 동성애 행위로서 상당히 완화한다(피그미침팬지의 수컷은 아무래도 모두 양성애인 듯하다). 그런데 이와는 완전히 반대 경우가 바로 대다수의 인간 사회이다. 인간 사회에서는 남자의 공격성을 묶어내려는 목적으로 동성애를 엄격하게 단속한다. 동성애에 대해서는 다양한 의견이 있지만, 적어도 동물행동학적으로는 평화를 의미하는 행동이다. 전쟁을 할 생각이 없는 나라라면 동성애가 더욱 장려되어도 좋지 않겠냐고 생각될 정도이다(단, 병은 조심해야겠지만).

조금 끈질기다고 느낄지도 모르겠지만, 이야기를 여기서 끝낼 수는 없다. 동성애 시리즈의 최후를 장식하기 위해서는 반드시 피그미침팬지 사회의 스타, 즉 암컷들을 등장시켜줄 필요가 있다. 그녀들은 각각 다른 집단에서 시집온 타향사람(?)들이다. 그럼에도 불구하고 정말 사이가 좋고 결속이 강하다. 연장자가 되면 실질적으로 집단을 도맡아 관리할 정도의 권력까지 얻게 된다. 특히 수컷 새끼에 대해서는 절대적이라 해도 좋을 정도의 지배력을 갖으며, 그것은 그들이 제아무리 훌륭한 수컷으로 자라더라도 변함이 없다. 결국 수컷 입장에서 보면 평생 모친과 기타 암컷들의 치마폭에 둘러싸여 있는 셈인데, 그 점이 의외로 중요하다.

원래 어느 정도 사회성을 지닌 동물의 수컷들은 그냥 내버려두면 거의 틀림없이 싸움을 벌인다. 공격성이란 주로 수컷이라는 성(性)에 기생하는 골칫덩어리 기생충 같은 것이다. 다만 일본원숭이처럼 모계(母系) 난혼적 사회인 경우에는 그 기생충이 상당 부분 억제된다. 암컷이 친정의 강점을 발휘하거나 암컷끼리 혈연적인 유대를 이용한 결속으로 수컷들이 멋대로 행동하지 못하도록 만들기 때문이다. 그런데 생각해보면 침팬지 사회는 일반 침팬지든 피그미침팬지든 모두 부계(父系)제이다. 실제로 일반 침팬지 사회에서, 암컷은 수컷에게 학대를 받고 수컷들은 자기 멋대로 싸움질을 한다.

피그미침팬지는 왜 그렇게 되지 않았을까? 하나는 방금 살펴본 바처럼 수컷 사이의 동성애에 의한 해결법이 있기 때문이다. 그리고 보다 큰 이유는 암컷끼리 뭉쳐서 세력을 과시하기 때문인데, 그러기 위해 한몫 하는 것이 또한 동성애이다.

예를 들어, 암컷 한 마리가 땅 위에서 고개를 젖혀 위를 바라본다. 그러면 다른 한 마리가 몸을 덮치듯 올라타 엉덩이의 성피를 재빨리 비벼댄다. 암컷들은 서로 간에 왠지 어색한 무드가 흐른다 싶을 때면 항상 이렇게 한다. 이는 우리 인간들이 늘 하는 포옹, 악수, 위안의 말 같은 것과는 다른, 진짜 사랑의 행위인 것이다. 어느 연구자가 「따끈따끈*」이라 이름 붙인 이 행동은, 암컷들을 기분 좋게 만들며 그녀들이 단결하는 데 발군의 위력을 갖고 있는 것 같다.

그런 이유로, 나는 요즈음 피그미침팬지의 팬이 되었다. 탄복하며 숭배하고 있다고까지 말해도 좋을 정도다. 인간도 확실히 여자가 강해지고 있는데, 이건 정말 다행스러운 일이다. 그러나 동성애나 난혼 같은 부분에 대해서는 아직 멀었다. 그렇다고 해서 어떤어떤 부분에 대해서는 피그미침팬지를 보고 인간들이 배웠으면 좋겠다는 생각을 가지고 있지는 않다. 애초에 그들과 인간은 전혀 다른 길을 걸어왔기 때문이다. 인간은 최근 몇천(몇만?)년 동안 쉴 새 없이 전쟁을 벌여 여자가 위세를 부리거나 난혼이나 동성애를 허용하는, 이른바 전쟁지향적이지 않은 부족을 족족 쓰러뜨려왔다. 만일 그런 부족이 남아 있다 한들 아마 예외 없이 변경에나 존재할 것이

---

*Genito-Genital rubbing.

다. 현존하는 인간의 대다수는 무찌른 쪽 인간의 후손들이다.

다른 장에서도 말했듯이, 전쟁을 없애기 위해서는 먼저 그러한 인간의 역사를 반성하고 「난혼은 헤픈 거야, 동성애는 혐오스러워」 하는 식의 기성관념에 의문을 가지는 데에서 시작해야 한다고 생각한다.

말은 이렇게 하지만, 이것이 세상 물정 모르는 안이한 생각이라는 점도 잘 알고 있다. 피그미침팬지들 역시 일찍이 호전적인 일반 침팬지와 지리적으로 격리된 덕분에 간신히 멸망을 면한, 바로 이상향의 주민들이기 때문이다. 인간에게든 침팬지에게든, 이상향은 어디까지나 '이상향'에 불과할지도 모른다.

알렉산드르 6세를 변호하다

교황 알렉산드르 6세라 하면 알 만한 이는 다 아는 역사적인 대악당이다. 그에 관한 자료, 예를 들어 백과사전 같은 것을 찾아보면 거의 대부분이라고 해도 될 만큼 좋게 써놓은 부분은 찾아 볼 수가 없다.

성격은 교활하고 잔인하고 제멋대로임. 목적을 위해서라면 수단 방법을 가리지 않았으며 라이벌을 밀어내기 위해 독약까지 사용했음(보르지아의 독약). 피렌체 시민의 압도적 지지를 받았던 종교개혁자 사보나롤라와 인연을 맺었다가 배신하여 화형에 처함(사보나롤라 사건) 등등.

사생활 면에서의 난잡함도 남보다 갑절은 된다. 성직자임에도 불구하고 세 명이나 되는 애인을 두고(카톨릭 성직자는 아내를 두는 것이 허용되지 않으니 아내는 없고 애인이 세 명인 셈) 그들 모두에게서 자식을 얻었다. 그중에서도, 유부녀를 애인으로 삼은 경우인 반노차 카타네이와의 사이에는 네 명의 자식을 두었는데, 그중 한 명이, 역시 악명 높은 체사레 보르지아이다. 그 밖에 매춘부를 전국 각지에서 불러 모아 벌거벗겨서는 궁정 마

---

*본명 로드리고 보르지아, 1431~1503.

루에 뿌려놓은 밤을 줍게 했다…….

그렇지만 이렇게까지 후세 사람들로부터 쓰레기 취급을 당하는 인물쯤 되고 보면 거꾸로 변호를 하고 싶어지는 것이 사람의 마음. 실제로 지독하게 평판 나쁜 인물이지만, 막상 만나보면 의외로 좋은 사람일 때가 있지 않은가.

먼저 악평의 원인. 그는 지껄이고 싶은 놈은 지껄이라는 식의 호탕한 성격이었다. 또한 후세 사람들은 뭐든지 자신의 탓으로 돌렸다.

사보나롤라 사건은? 이 사건에는 양면성이 있다. 민중에게 열광적으로 지지받는 인물이란 흔히 수상쩍은 데가 있는 것이다.

그러면 애인이 세 명이라는 건? 그거야 조금도 나쁜일이 아니다. 정치적 능력과 호색과의 강한 상관관계에 대해서는 이미 쓴 바와 같다. 밤 줍기는, 애교다.

내가 살펴본 바, 그는 극히 자신에게 솔직하고 섬세한한편 대담하며 꿈을 실현하기 위해 전력을 다하는, 실로 순수한 남자가 아니었나 싶다.

그런데 원래 문학이니 역사니 하는 것에 흥미를 가질리 없는 나라는 인간이 르네상스 시대의 한 교황에게 왜 이토록 집착하느냐 하면, 그것은 다음과 같은 사정 때문이다.

영국 캠브리지대학은 예로부터 다양한 교과서 시리즈를 출간하고 있는데, 그중에 「포유류의 번식」 시리즈가 있다. 그 제8권인 『Human Sexuality』를 읽었을 때의 일이다. 이 책의 5장 「성행동의 제약 요인」 중에 다음과 같은 구절이 있었다.

「Pope Alexander Ⅵ in the fifteenth century blithely announced in a Papal Bull that he was the father of one of his daughter's children」(직역하면, 15세기 로마 교황 알렉산드르 6세는 교황 교서에 경솔하게도 「내 딸이 낳은 자식 중 한 명의 아비는 나다」라고 기술했다, 이다)

이 장의 집필자는 교서의 표현에 아무 의문도 느끼지 않았던 모양이다. 그는 교황을 역사 속에 증거를 남긴 근친상간자로(여기서도 악당 취급) 등장시키고 있다. 그것도 교황은 이 중대한 비밀을 실수로 내뱉고 말았다는 식의 뉘앙스다.

아무래도 나는 선뜻 납득이 가지 않았다. 이것만으로 근친상간이라고 단정 짓는 것은, 그야말로 경솔하지 않

은가. 좀 더 상세한 사정을 알고 싶었다. 그래서 역사책
을 뒤진 것이다.

　먼저 딸이라는 것이 체사레의 누이, 루크레치아 보르
지아라는 사실에는 틀림없었다. 시오노 나나미*의 『르네
상스 여자들』에 따르면 이 사건의 해석은 이렇다. 루크
레치아는 아버지인 교황의 뜻에 따라 세 번이나 정략결
혼을 해야 했던 여성이다. 그녀는 당시 첫 번째 결혼에
실패하고 상심의 나날을 보내고 있었다. 그때 나타난 것
이 교황과 그녀와의 연락을 담당하던 시종 페드로였다.
둘은 순식간에 사랑에 빠졌고, 그녀는 임신을 했다. 결
혼하지 않은 상태였던 그녀가 임신했다는 사실은 곤란
한 사태였다. 게다가 이 소문은 금세 세상에 퍼졌다. 욱
하는 성질의 오빠 체사레는 페드로의 정말이지 사소한
대꾸에 화가 나 그를 칼로 베고 어둠 속에 묻어버렸다.
그러나 아이는 태어났다. 교황은 이 아이를 한 교서에서
는 자신의 아이로, 다른 교서에서는 체사레의 자식으로
입적한다고 발표했다…….

　시오노는 철저하게 자료를 찾아보는 작가이므로, 분

---

*국내에서는 '로마인 이야기'의 저자로 유명한 일본 작가.

명 이것이 정답일 것이다. 역시 단순한 호적상의 문제이지 교황이 딸과 근친상간을 한 것이 아니었다. 대부분 역사가들의 시각도 그와 같다. 그런데 대세가 이렇게 기울면 또다시 심술이 고개를 든다. 근친상간이 실제로 있었는지 없었는지 따위는 사실 당사자 말고는 알 길이 없는 일이다. 여기서는 무책임한 짓이라는 전제하에, 아니, 5장의 집필자인 캠브리지대학 명예교수 C.R. 오스틴의 명예를 위해 동물행동학자로서 다른 해석을 시도해본다.

도대체 아빠와 딸, 엄마와 아들, 혹은 형제자매가 한 지붕 아래에서 살면서도 대개는 아무 일도 일어나지 않는 것은 왜일까? 그것은 서로 혈연관계임을 인지할 수 있는 인간의 「지혜」와 「의지의 힘」 때문일까?

일반적인 인간의 감정은 이러할 것이다. 너무 친해서 그런 생각이 들지 않는다, 어릴 때부터 잘 알고 있다 보니 성적 매력 같은 건 느껴지지 않는다, 밖에서는 미인으로 통하는 누나지만 집에서는 잔소리꾼 아줌마다, 등등. 물론 때로는 아버지가 딸의 매력에 헉 하고 멈칫하는 순간도 있다. 하지만 그것은 극히 한순간의 망설임일 뿐, 찬찬히 보고 있자면 변함없이 불효자인 딸내미이다.

　사실 인간의 근친교배를 가로막는 것은 서로 혈연관계에 있음을 알고 있기 때문이 아니다. 의외로 그것은 가족이 한 지붕 아래에 살고 있다는 사실 자체에 있다.

　하지만 이런 것을 실험으로 검증할 수는 없는 일. 그런데 세상에는 참으로 하늘이 준비한 실험의 장이 있었던 것이다.

　이스라엘에는 키부츠라는 집단주거지가 있다. 이곳에서는 부모나 형제보다도 같은 동년배의 아이들과 더 긴 시간을 함께 지낸다. 노는 것도 식사하는 것도 수업받는 것도 모두 함께 한다. 그리고 매일 정해진 시간에만 부모를 방문하는 것이 허용된다. 이런 생활은 성인이 될 때까지 계속된다.

　요나나 탈몬과 조셉 쉐퍼는 이 시스템에 눈을 돌렸다. 그들은 키부츠에서 자란 남녀가 어떤 인물을 결혼상대로 선택하는지 추적 조사했다. 그에 따르면, 키부츠 출신자끼리의 결혼이 꽤 있긴 하지만 동일한 키부츠, 더욱이 같은 또래 그룹 내에서, 다시 말해 어릴 때부터 같이 먹고 자고 했던 이들끼리 결혼한 경우는 전혀 없었고 동일 키부츠이지만 그룹이 다른 경우에서만 고작 3% 존재했다. 성장하고 난 뒤의 남녀의 만남의 장이라 할 수 있는 대학 동아리, 직장 등에서는 같은 그룹에서 주로 연애나 결혼이 이루어진다는 사례를 생각해본다면 이것이 얼마나 놀랄 만한 수치인지 잘 알 수 있을 것이다.

아무래도 인간에게 있어서는, 어릴 적부터 쭉 익숙해져 있다는 점, 매일 착 달라붙어 함께 생활하고 있다는 점, 또는 그로 인해 성적 매력이라고는 전혀 풍기지 않는 일상생활 같은 것이 연애감정을 방해하는 것이 아닐까 싶다.

이와 비슷한 현상은 일본원숭이에게서 찾아볼 수 있다. 교토 서쪽 외곽의 아라시야마 일대에 사는 원숭이 무리를 조사한 다카하타 유키오에 의하면, 이 원숭이 무리에서는 「친밀함」과 「성관계」 간에 분명한 길항(拮抗) 관계가 있다고 한다. 다시 말해 봄부터 여름에 걸친 비번식기에는 서로 털 손질도 해주고 사이가 무지 좋아 보이던 수컷과 암컷이라고 해도, 가을부터 겨울에 걸친 교미기에는 어찌된 일인지 서로 교미하는 일이 전혀 없다는 것이다.

친하게 자란 이들을 무조건적으로 기억하는 이런 현상은 앞에서 소개한 「각인」의 일종이다. 이번 이야기의 경우는 성적대상의 선택과도 관련되므로 따로 「성적각인(性的刻印)」이라 부르겠다. 성적각인은 보통 함께 생활하는 가족 등의 혈연자를 대상으로 일어나며, 근친교배를 피하기 위한 하나의 중요한 수단이다.

그럼 어느 정도 준비가 되었으니 알렉산드르 6세의 이야기로 돌아가자.

그는 교황이 되기 전 추기경 시절에 당시 유부녀였던 반노차 카타네이를 약탈하여 애인으로 삼았다. 그런데 아이들은 낳는 즉시 모친에게서 떼어내어 그의 사촌인 아드리아나 미라에게 맡겼고 그 자신도 연인을 가끔 만나는 생활이었다. 이리하여 아빠, 엄마, 자식들이 각각 별거하는 상황이 이어졌다.

그리고 여기서부터는 나의 창작.

아름답게 성장한 루크레치아는 첫 결혼에 실패하고 산시스트의 수녀원에서 상심의 나날을 보내고 있었다. 어느 달 밝은 밤, 시종인 페드로가 뜻밖의 소식을 알려왔다.

「교황님께서 오셨습니다」

「교황님께서 직접? 대체 무슨 일이실까?」

교황은 딸의 다음 정략결혼 건을 마련해 일부러 찾아온 것이었다.

딸의 마음은 무거웠다. 그녀는 정략결혼 따위는 이제 지긋지긋했다. 밤바람이라도 쐴 요량으로 발코니로 나왔다. 그러자 때마침 구름이 흩어지고 엄숙한 달빛이 그녀의 아름다운 옆얼굴을 또렷이 비추었다. 그 모습은 젊은 시절의 반노차 카타네이, 바로 그녀 아닌가!

자, 그럼 호색하기 그지없고 갖고 싶은 건 무슨 수를 써서라도 손에 넣고 싶어하고, 자신에게 솔직하며 세상 사람들의 평판 따위에는 전혀 신경 쓰지 않는, 그리고 루크레치아와는 한 번도 함께 생활한 적 없는 남자의 마음이 과연 움찔하지 않았을까? 루크레치아도 마찬가지였다. 그녀가 성적으로 각인한 것은 기른 부모 아드리아나 미라였다. 이리하여 두 사람은…….

이런 식의 스토리는 어떨까? 덧붙여, 페드로가 체사레에게 대꾸한 것은 누명을 쓰게 될 것 같았기 때문이고 말이다.

닭은 사람에게 끌리는 까닭

분명 중학생 때의 일일 것이다. 미술 선생님이 이런 질문을 한 적이 있다.

「인물화를 그리면 자기 얼굴과 비슷해져 버리는 경우가 종종 있잖니? 왜 그럴까?」

지금 생각하면, 상당히 동물행동학의 핵심에 다가간 문제이다. 설마 그 선생님이 동물행동학을 배웠을 리는 없을 터이고, 나 또한 당시에는 동물행동학의 「동」자도 몰랐다. 그런데 인간이 품는 의문은 어딘가 비슷한 데가 있는 법, 더욱이 그것이 종종 아주 중요한 문제인 경우도 있다. 나는 전부터 관심을 가지고 있었던 문제여서 희희낙락 이렇게 대답했다.

「그건 자기를 잘 알고 있기 때문이죠」

너무나 즉각적인 대답에 당황했는지 아니면 선문답 같은 대답 탓이었는지, 가엾게도 선생님은 「그렇겠구나」하고 작은 목소리로 중얼거리고 나서는 입을 꾹 다물어 버렸다.

나는 나중에, 「선생님에게 못할 짓을 했어. 좀 더 선생님의 체면을 세워줄 수 있는, 중학생다운 대답을 했어야 했는데」하고 반성했는데, 어찌되었든 그것으로 인물화 문제는 결론이 났다고 생각했다.

그런데 최근에서야, 그것이 정말 초보적인 실수였다는 사실을 알아차렸다. 그것은 이렇게 대답했어야 하는 것이었다.

「가족의 얼굴을 잘 알고 있기 때문입니다」

애당초, 동물에게는 자기 얼굴을 잘 아느니 어쩌니 하는 말부터가 말이 안 된다. 대개의 동물은 평생 자기 얼굴을 모르고 지낼 테고, 또 몰라도 된다. 동물이 자신의 얼굴에 대해 안다면, 그것은 가족을 통해서나 가능하다. 다시 말해 이렇다.

그(그녀)는 태어나자마자 모친의 얼굴을 기억한다. 동물에 따라서는 부친, 형제자매의 얼굴도 기억한다. 가족과의 관계가 얼마나 오래 지속되는가는 동물에 따라 다양하지만, 어쨌든 다 자라기 전에는 가족 구성원의 얼굴을 완전히 기억하게 된다. 가족의 얼굴은 자기 얼굴과 닮았을 터이므로, 그것을 종합해 특정 패턴의 얼굴을 떠올리는 것이다(단, 그것이 자신이라고 인식하는지 어떤지는 별개로 친다).

그렇지만 인간에게는 거울이 있지 않은가, 그 점은 어떻게 생각해야 할까? 하지만 그것은 대단한 문제가 아니다. 여하튼 우리가 자기 자신의 얼굴을 바라보는 것은 하루 중 극히 짧은 시간뿐이다. 우리가 태어났을 무렵부터 압도적으로 많이 보고 지내는 것은 자신 이외의 인간, 그중에서도 특히 가족의 얼굴이기 때문이다. 인간 또한 이에 관해서는 다른 동물이나 크게 다를 바 없다.

　인간은 성장과정에서 가족의 얼굴을 기억하고 익숙해졌고(즉, 성적으로 각인되고), 그로 인해 근친상간을 피했다. 그러나 일견 그와 모순되는 듯한 현상도 있다. 즉 닮은 사람에게 끌린다는 사실이다.

　「끼리끼리 논다」는 말이 나타내는 것처럼, 성격이나 생각이 닮은 사람끼리는 극히 자연스럽게 모이기 마련이다. 더구나 그렇게 함께 있으면 안심이 된다. 부부 등이 바로 그 좋은 예인데, 부부에 한해서만 보면 양자를 끌어당기는 가장 큰 힘은 아무래도 얼굴이 닮았다는 점인 것 같다. 그것은 얼굴형과 대강의 이목구비에 대한 것으로, 다행스럽게도 아름다움과 추함이라는 관점과는 관계가 없다. 예를 들면, 얼굴이 길고 눈이 가늘고 코가 높고 입이 큰 남편에게는 얼굴이 길고 눈이 크지 않고 코는 오똑하고 입이 작지 않은 부인이 붙어 있다든가, 얼굴이 둥글고 눈이 커다랗고 코가 낮고 콧방울이 넓은 부인에게도 역시 똑같은 스타일의 남편이 있는 것과 같은 일이다. 그리고 닮으면 닮을수록 사이가 좋다. 내가 본 바, 이런 부부는 성격이 어떠니 생각이 어떠니 따지기 전에 뭔가 근원적인 부분에서 서로 끌리는 것이 아닐까 하는 생각이 든다. 그렇기 때문에 관계가 지극히 원만한 것이다. 또 말도 안 되는 요상 야릇한 얘기를 하는군, 이라고 할지 모르지만 그렇게 생각하기에 이른 데는 확실한 이유가 있었다.

영국의 베이트슨은 일찍이 메추라기를 이용해 다음과 같은 실험을 했다. 먼저 다음 페이지의 그림과 같은 실험장치를 만들었다. 중앙에는 여섯 개의 독방이 있고, 각각의 방은 서로 완벽하게 차단되어 있다. 주위 복도쪽으로 창이 나 있지만, 이 창은 원웨이 스크린(one-way screen)이라서 밖에서는 안을 볼 수 있지만 안에서는 밖을 볼 수 없다. 또 각각의 창문 앞바닥에는 마이크로 스위치가 설치되어 있어서 복도를 걷는 녀석의 무게로 스위치가 켜지고 그 지속시간이 기록된다.

우선 이 여섯 개의 방에 암컷 메추라기를 한 마리씩 집어넣었다. 이어서 수컷을 한 마리 복도에 넣어 자유롭게 걸어 다니게 했다. 그가 과연 어느 방 앞에서 오래 머

물까? 즉, 각각의 암컷에 대한 관심 정도를 측정하고자 하는 실험인 것이다. 이 여섯 암컷의 면면은, 그 수컷과 같은 부모에게서 같은 시기에 태어나 함께 자란 암컷, 처음 보는 누이(즉, 수컷과 같은 부모를 두었지만 다른 시기에 태어난 암컷), 처음 보는 사촌, 그리고 처음 보는 여자 사촌의 딸. 그리고 전혀 무관하며 처음 보는 암컷 두 마리로 이루어졌다. 마지막 두 마리 중 한 마리는 수 컷이 이런 묘한 장치에 익숙해지면서 다른 다섯 마리와 의 비교 대조를 돕기 위해 복도에 들어가자마자 보이는 방에 배치되었다. 나머지 다섯 마리는 무작위 배치였다. 또, 이 일련의 실험은 물론 수컷을 방에 넣고 암컷이 복도를 걷는 설정으로도 이루어졌다.

베이트슨이 수컷 22마리, 암컷 13마리에 대해 실험을 행한 바, 그 결과에 놀랄 만한 것이 있었다. 수컷과 암컷 모두, 전체 시간 중 무려 30~40%나 되는 시간을 사촌을 관찰하는 데 쓴 것이다. 얼굴을 잘 아는 암컷에 대해서는 약 10%(당연한 일이지만), 그 밖의 상대에 대해서는 20% 전후였다. 만약, 메추라기가 새로운 상대에게 끌리는 성질을 지녔다면 혈연과는 무관하게 처음 보는 상대에 대하여 높은 수치가 나왔을 것이다. 또한 자신과 많이 닮은 상대에게 끌리는 성질이 있다면 처음 대면하는 사촌보다는 처음 보는 누이 쪽에서 높은 수치가 나와야 한다. 그런데 그들은 사촌에 대해 이상한 관심을 보였다. 그들은 처음 만났지만 왠지 낯익은, 혹시 어디서 만난 적 있지 않나 싶은 상대에게 굉장히 마음을 빼앗겼던 것이다(이와 관련해 베이트슨은 이 실험이 단순히 메추라기의 호기심을 측정한 데 불과하다는 비판을 우려해 다른 실험을 통해 진짜 이성의 기호를 측정했음을 명확히 했다).

콘라트 로렌츠가 발견했던 것처럼, 기러기와 오리, 그리고 메추라기 등의 새끼는 부화 직후에 먼저 부모를 각인한다. 그것은 따라 걸어가야 할 상대를 구분하기 위해서이다. 그리고 성장과정에서는 같은 시기에 태어난 형제자매를(이번에는 성적으로) 각인하게 된다. 이렇게 해서 자신이 어떤 종의 새인지, 어떤 경향의 얼굴을 하고 있는지를 가족을 통해 깨닫고 미래의 번식활동을 준비하는 것이다(「성적각인」의 개념은 사실 이들 새들을 통해 발견되었다).

그런데 문제는 메추라기들이 왜 사촌을 좋아하는가, 어째서 언뜻 보기에는 비슷하지만 실제로는 다른 상대를 좋아하는 것일까 하는 점이다. 베이트슨은 그 이유를 동종교배와 이종교배 간에 있어서 최적의 균형을 유지하는 방법이라 설명한다. 다시 말해, 너무 가까운 상대끼리 만나면 안 된다(이 점은 잘 알 것이다). 그렇다고 해서 너무 먼 상대끼리도 좋지 않다는 것이다. 이를 이런 식으로 예를 들어보면 어떨까?

메추라기에게도 인간의 경우와 마찬가지로 가족마다의 특색이라는 것이 있다. 어떤 가계의 메추라기는 먹을거리를 잘 발견하고, 다른 가계의 메추라기는 포식자에게서 도망치는 데 능하다. 각각의 가계에는 각각의 장점이 있고, 바로 그 때문에 살아남아온 것이다.

그리고 좀 더 깊이 파고들어, 유전자라는 관점에서 생각하면 이렇게 된다. 각 가계의 특색은 한두 개의 유전자에 의해 발휘되는 것이 아니다. 그것은 사실 몇 개의 유전자 세트가 갖추어져야 비로소 효과가 나타난다. 하나하나의 유전자를 카드라 친다면, 카드마다 나름의 임무를 갖고 있는 것이다.

그래서 지금 먹을거리는 잘 찾지만 포식자에게서 도망치기는 서툰 A라는 집안의 메추라기가 그와 정반대인 B 집안 메추라기와 만났을 때, 만약 그들이 서로 이성이라면 짝을 이루는 것이 옳으냐 하는 문제가 생긴다. 이 경우, 어쩌면 양쪽 집안의 장점만을 겸비한 로얄 스트레이트 플러시 같은 자식이 생길지도 모른다. 그러나 이미 가지고 있던 장점마저 잃고, 이도저도 아닌 자식이 생길 위험도 있다. 아니 오히려 그럴 가능성이 더 크다.

여기서 메추라기는 안정 노선을 택한 것 같다. 자신과 닮았으면서 조금 다른 상대를 고른다. 그 상대는 얼굴이 그렇듯이, 대부분 자신과 비슷한 카드(유전자)를 갖고 있으면서도 아주 조금은 다른 카드(유전자)도 가지고 있다. 그렇게 되면 일단 장점이 안정된다. 잘 되면 또 다른 장점이 생길지도 모른다. 메추라기들은 그 가능성을 노렸던 듯하다.

그런 이유에서 메추라기는 자신과 닮은 사촌을 좋아한다. 얼굴이 닮았다는 부부도 완전히 똑같으냐 하면, 반드시 그렇다고는 말할 수 없겠다. 오늘날의 인간은 태어난 곳에서 너무나 멀리 분산되기 때문이다. 하지만 인간의 선조들 또한 얼굴로 혈연의 거리를 측정했던 것이 아닐까? 얼굴이 닮아 사이좋은 부부는 인간의 오랜 습성에 따른 것이고, 그래서 무리가 없는 것 같다는 생각이 든다.

예술은 위협이다!

그 유명한 오카모토 타로* 선생에 따르면 예술이란,

「뭐냐, 이건……, 이런 건 본 적이 없어!」라는 것이라
야 한다고 한다. 이 말은 일찍이 선생이 TV 화면을 헤집
고 나올 것처럼 두 손을 벌리고 눈을 잔뜩 부라리며 한
얘기다. 나는 그가 이전에 했던, 「예술은 폭발이다!」라는
말에도 큰 감동을 받았지만, 이 말에는 또 다른 감동이
있었다. 이번 말에는 「이제야 알 것 같군!」 하는 예감 같
은 것마저 느껴졌던 것이다.

그렇기는 하지만, 선생의 말은 정론(正論)이다. 전에
어딘가에서 본 적이 있는 듯한 작품을 예술이라고 인정
하기는 어려운 것이 당연하다. 그 사람밖에 내놓을 수
없는 작품이라든가, 아무도 한 적 없는 듯한 퍼포먼스.
이런 것에 우리는 감동하고, 때로는 경외심마저 느낀다.
예를 들어 「초절기교 연습곡」**을 작곡한 사람은 예술가
이지만 그저 그 곡을 치기만 하는 사람은 예술가가 아니
다, 라는 얘기와 같은 것이다.

「뭐냐, 이건」 하는 말 속에는 예술이 가진, 이해하기

---

*일본 현대미술의 선구자라 일컬어짐. 1911~1996.
**超絶技巧 練習曲. 피아노의 명인이자 작곡가인 리스트의 대표작 중 하나.

어려운 성질이 담겨 있다. 예술이란 보자마자 의미를 깨달을 수 있어서는 안 된다. 의미는 모르면 모를수록 좋다. 그 편이 많은 사람들의 관심을 끌고, 뭔지 잘 모르는 채로 강한 감동을 불러일으킬 수도 있다. 어떻게 해석하든 상관없기 때문에 비평가들이 활약할 범위도 더욱 넓어지는 것이다.

물론 예술에는 폭발할 듯한 에너지가 필요하다.

이상의 말을 요약하면, 「뭐가 뭔지 의미를 알 수 없고 지금까지 본 적도 없지만, 폭발할 듯한 에너지를 가지고 있는 것」 – 그것이 선생이 말하고자 하는 예술이다.

하지만 '오카모토 선생식'의 과격한 이 정의는, 현존하는 예술의 대부분을 가짜 예술로 몰아내고 만다. 그 말에 따르자면, 「일본예술가 협회」나 다른 예술문화 협회의 회원 대부분을 제명시켜야 할 것이다. 그러나 그렇게 하면 예술의 폭이 너무 좁아진다. 그렇게까지 엄격하게 좁히지 않아도 예술은 예술임에 틀림없다.

여러모로 궁리하던 나는, 어느 날 선생의 정의를 「예술의 기원」으로 바꿔 생각해보았다. 그랬더니 말이 되는 것 같았다.

아프리카의 탕가니카 호수 동쪽, 탄자니아의 곰베 국
립공원에는 유명한 침팬지 연구시설이 있다. 이곳이 개
설되었을 당시인 1960년경, 아직 20대인 영국 여자가
뛰어들었다. 그녀는 원래 동물학 전문가가 아니라 비서
나 아르바이트로 웨이트리스를 하던, 말하자면 지극히
평범한 사람이었다.

실제로 당시 그녀의 사진을 보면 아주 호리호리한 아
름다운 사람으로, 뭐 하러 아프리카 같은 데까지 날아가
사서 고생하냐는 주위의 충고를 뿌리치고 온 듯한 느낌
이 든다.

그런데 어떤 이에 따르면 「그녀는 영국의 내추럴히스
토리(博物學) 전통이 마땅히 낳아야 했기에 낳은 황금
알」이라고 한다. 분명 영국이라는 나라에는 자연을 각별
히 사랑하는 사람이 많다. 지금도 휴일에는 하이킹하는
것을 가정의 행복으로 여기는 것 같다. 애완동물도 당연
히 동반자가 된다. 이처럼 애완동물에 대한 대우 면에서
도 필시 세계 제일일 것이다. 그것이 때때로 도가 지나
친 경우가 있어서, 과격한 동물애호단체도 많이 있다.
영국은 그런 특이한 나라인 것이다.

어릴 적부터 동물을 너무 좋아했던 그녀는 8세 무렵

에 장래에는 아프리카에서 야생동물 연구를 하겠다고 결심했다고 한다. 비서나 웨이트리스는 임시 직업이고, 마음은 언제나 아프리카에 있었다는 얘기이다. 그러다가 열의를 지닌 신참내기(더구나 젊은 여성이라는 점이 중요)를 좋아하는 인류학자 L.S.B. 리키에게 인정받아 그녀는 꿈을 실현시킨 것이다.

이 젊은 여자가 바로 훗날 침팬지의 육식과 흰개미 낚시(침팬지들이 때때로 도구를 사용한다는 사실)에 대해 발견하고, 침팬지 연구의 1인자가 된 제인 구달이다.

이야기가 한참 딴 데로 빠져서, 필자가 테마를 까맣게 잊어버린 것이 아닐까 하고 걱정하는 독자들을 위해 확인해두자면, 지금 이야기하려는 주제는 예술에 관해서이다.

곰베 공원에서 연구를 시작한 지 몇 년이 지나, 제인 구달은 결혼을 위해서 잠시 귀국하여 4개월 정도 연구 현장을 비우게 되었다. 현장 연구자들 말로는, 중대한 사건은 왜 그런지 꼭 그런 때에 일어난다고 한다. 하늘이 뒤집어질 만한 그 사건도 그런 기회를 노리고 있었던 모양이다.

그녀가 출발하기 전 곰베 공원 일대에 생식하는 침팬

지 집단 중 어떤 소집단에는 대략 여섯 마리의 성인 수 컷이 있었는데, 그 순위는 1위가 골리앗이라는 이름의 튼튼한 녀석, 그 뒤를 윌리암, 루돌프, 맥리거(이들 순위 는 뚜렷하지 않음)가 따르고 최하위로 마이크라는 젊은 녀석이었다. 엑스트라로 늙은 데이비드라는 인격 좋은 침팬지도 있었는데, 어쨌거나 골리앗이 차지하고 있던 최고 지위는 몇 년 전부터 한 번도 흔들린 적이 없었다. 그런데 웬걸, 영국에서 돌아와보니 최하위였던 마이크 가 우두머리 자리로 뛰어올라 있었던 것이다.

원래 침팬지 수컷 간의 순위 쟁탈전은 인간사회에서 의 정치 역학의 축소판과 같다(아니, 사실은 침팬지 쪽 이 원조이다). 예를 들어, 2위와 3위가 연합하여 우두머 리를 밀어내는 정도는 널리고 널렸기 때문에 상위의 녀 석들은 늘 마음을 놓지 않는다. 그러므로 마이크의 경우 는 정말 이상한 일이었다. 우연에 우연이 겹치고 겹친 것일까? 아니면 뭔가 특별한 사정이 있었던 것일까? 그 녀가 없는 동안을 책임졌던 사람들의 증언과 그녀가 그 후에 관찰한 결과 등을 종합하여, 마이크의 이례적인 출 세는 대강 다음과 같은 식으로 실현되었다.

침팬지의 우위 수컷은 자신의 공격력을 과시하기 위

해 종종 나뭇가지 따위를 거칠게 땅에 끌어 버석버석 하는 소리를 낸다. 그 큰소리는 힘의 증거로서, 주변 침팬지들에게 겁을 주고, 그로써 그들은 그의 우위를 확인하는 것이다.

그런데 마이크는 야심가였다. 최하위임에도 불구하고, 일찌감치 우두머리가 되었을 때를 생각하고 있었던 것이다. 어느 날 그는 나뭇가지를 땅에 끄는 정통적인 방법 대신 빈 깡통을 이용하는 방법을 고안해냈다. 빈 깡통은 곰베 공원에 연구시설이 생기면서 나타난 '문명의 이기' 였다.

그는 우선 18ℓ 짜리 파라핀 깡통 두 개를 양쪽 겨드랑이에 끼고 털을 곧추세우면서 「푸우ー 푸우ー」 하는 소리를 냈다. 한차례 소리를 낸 뒤, 머리 위로 깡통 두 개를 맞부딪쳐 소리를 내면서 다른 수컷들이 모여 있는 쪽으로 돌진했다. 이때, 그 통이 어느 정도의 소리를 냈을까? 필시 그것은 나뭇가지 끌기와는 비교할 수 없을 정도의 큰소리였으리라. 그 소리는 폭발하는 에너지를 상징하는 것이기도 했을 터이다.

한편 마이크의 이러한 퍼포먼스를 본 다른 녀석들은 어떻게 생각했을까? 모두들 이렇게 놀라워했을 것이 틀림없다.

「뭐냐, 이건……, 이런 건 본 적이 없어!」

예술이란 본래 이런 것이 아니었을까? 예술은 순위 낮은 젊은이가 기발한 아이디어와 독창성을 무기로 단번에 순위를 올리는 기술 – 그런 도박이 아니었을까?

야심 있는 젊은이는 먼저 있는 대로 허세를 부리며 퍼포먼스를 한다. 그때, 이미 누군가가 보인 적이 있는 듯하다, 저런 건 나도 할 수 있겠다는 생각이 드는 재주(藝)라면 별효과를 볼 수 없을 것이다. 사람들을 완전히 놀라게 만들고 푹 빠져버리게 만들 정도여야 한다. 그렇게 해서 자신의 순위를 올려놓는 데 성공했다면, 이번에는 그 자리를 지켜야 한다. 재주의 불가해(不可解)성은 이때 효력을 발휘한다. 좀처럼 이유를 알 수 없기 때문에 흉내 내기 어렵고, 따라서 그의 위엄 또한 쉽사리 손상되지 않는다. '예술(藝術)'로 성공한 젊은이가 그렇게 해서 순위를 유지하는 것이다.

다시 말해, 원래부터 예술과 순위는 밀접한 관계가 있다. 예술을 논할 때는 순위 문제(사회적 지위의 문제라고 해도 좋겠다)를 빼놓을 수 없다는 것이 내 결론이다.

어느 날, 나는 이런 예술의 기원에 관한 아이디어를 득의양양하게 친구에게 말했다. 그러자 그는 너무나 간단하게 잘라 말하는 것이었다.

「마이크가 한 건 단순한 위협이야. 위협을 해서 순위를 높인 것뿐이잖아」

그렇다. 사실 나도 그 부분이 좀 마음에 걸렸는데, 막상 그렇게 딱 잘라 지적하는 것을 듣고 보니 기운이 빠졌다. 모처럼의 새로운 아이디어도 갑자기 빛이 바래지는 것 같았다.

하지만 괜찮다. 나중에 나는 이렇게 반론하면 되겠다는 생각이 들었다. 세상에 예술이라 불리고 있는 작품을 떠올려주기 바란다.

오케스트라의 대음향과 인간 확성기와도 같은 오페라 가수. 끼— 끼이—, 가앙— 강—, 쿵쾅쿵쾅, 불협화음과 불쾌한 소리로 가득한 현대음악. 눈을 크게 부라렸다가 느닷없이 소리를 지르기도 하는 현대연극, 가부키, 암흑부토*. 원색이 어지럽게 날아다니는 캔버스에 기괴한 오브제…….

---

*暗黑舞蹈. 일본에서 시작된 현대무용의 하나.

자, 이것들이 위협이 아니면 무엇인가.
예술은 위협인 것이다!

포르노가 지구를 구한다

나야말로 세상을 구하는 영웅이야

'**포르노그래피는** 여자의 성에 관한 신호다' 라고 단언해도 누구 하나 토를 달지 않을 것이다. 포르노그래피를 본 남자는 자기도 모르게 히쭉거리며 눈을 화면에서 떼지 못하다가 몇 초 동안 호흡이 정지된 다음에 다시 소생한다. 이것 또한 이론(異論)의 여지가 없을 것이다.

남성 대상 잡지의 편집자 등은 어쩌면 불안감을 안고 있을지도 모른다. 「이렇게 한 가지 패턴만 반복하면 독자들한테 외면당할 거야. 어떻게든 해야 하는데, 어디 깜짝 놀랄 만한 신인이 없을까」

하지만 걱정할 필요는 없다. 남자는 여자의 나체와 그 복사물, 그게 아니더라도 그것을 연상시키는 것만 있어 준다면 그 자리에서 몇 번이고 질리는 일 없이 반응한다. 이는 다른 많은 영장류의 수컷들이 뒷받침해주고 있는 사실이다. 판매 부수가 좀처럼 늘지 않아 고민하는 남성지는 우선 착실한 기사를 충실하게 싣는 것이 좋으리라. 격조 높은 기사는 누드 사진을 보는 데에 그럴듯한 구실을 제공해줄 것이 틀림없다.

침팬지나 일본원숭이, 대다수의 비비류처럼, 수컷과 암컷이 뒤섞여 생활하는 사회에서는 구성원 간의 다툼이 가장 성가신 문제이다. 특히 수컷들은 툭하면 싸움으로 순위를 확인하거나 바꾸기 때문에 보통 큰일이 아니다. 암컷끼리도 싸우지 않는 것은 아니지만, 적어도 암컷이 수컷의 공격을 받는 경우는 절대 없다. 암컷이라는 존재 자체에 공격 회피의 비책이 있기 때문이다.

예를 들어, 수컷을 화나게 만들어 쫓기게 된 암컷은 번쩍 엉덩이를 들어 성피를 보여준다. 어떤 때는 먼저 성피를 보여주어서 수컷을 달래놓은 다음에 유유히 먹을거리를 가져가는 일도 있다. 이처럼 암컷이 지닌 성(性) 신호는 수컷의 공격성을 완화시켜주는 「달래기 신호」이기도 하다. 그래서 이런 응용도 성립된다. 상위 수컷에게 위협을 받은 하위 수컷이 엉덩이를 내밀어 마운트를 재촉하며 암컷 노릇을 하여 공격을 피한다 - 침팬지와 일본원숭이에게서 흔히 볼 수 있는 「프리젠팅(presenting)」이라는 행위이다.

예술의 기원과는 달리, 포르노의 기원은 이처럼 명명백백하다. 이에 대해서는 이미 결론이 나와 있기 때문에 이것으로 일단락 짓고 싶지만, 그럴 수는 없는 일! 암컷 침팬지와 같은 예는 분명 포르노의 기원이지만, 지금 우리들이 말하는 「포르노」와는 많이 다르다. 우리들의 「포르노」는 애초에 실물이 아니라 사진이나 그림, 비디오

등 인공적인 복사물인 것이다. 이야기를 계속해보자.

영장류의 세계에 「포르노」와 관련 지을 특징을 가진 녀석이 없을까 하고 찾아보니, 아니나 다를까! 있었다.

겔라다비비의 가슴에는 털이 없는 부분이 있다. 색은 빨갛고, 모양은 딱 하트를 거꾸로 해놓은 듯한 모양이다. 흥미롭게도 이것은 수컷과 암컷 양쪽에 다 있다.

암컷의 경우, 그 부분은 발정주기에 맞춰 붉은 기운이 짙어지기도 하고 옅어지기도 한다. 침팬지 암컷의 성피가 발정주기에 맞춰 변화하는 현상과 똑같은 것이다. 즉, 겔라다비비의 가슴 무늬는 암컷 성기의 복사물이며, 그것이 실물을 대신해서 성 신호를 발신하는 것이다. 이 자체만으로도 놀랄 만한 사실이다.

하지만 진짜 놀랄 일이 남아 있다. 가슴 무늬의 진가는 수컷을 통해 발휘되기 때문이다. 당연한 일이지만, 겔라다비비의 우위 수컷도 하위 수컷을 위협한다. 큰소리나 과장된 몸짓 등, 상투적인 방법 외에도 사람들이 눈동자의 흰자위를 번뜩이며 상대를 노려볼 때의 모습과 상당히 비슷한 '눈꺼풀 올리며 인상쓰기(staring)' 라는 진귀한 동작까지 보인다. 한편 낮은 순위의 수컷은 복종하며 용서를 구하는 태도를 보이는데, 침팬지나 일본원숭이와 마찬가지로 엉덩이를 내미는 「프리젠팅」, 겔라다비비 특유의 「립 롤」(상대에 대한 두려움의 표현으로 코 아래쪽 윗입술을 말아 올려 신체의 약한 부분인 잇몸을 보이는 것) 등이 있다. 그런데 그중 압권은 가슴을 펴 그 무늬를 보여주는 동작이다. 어찌된 일인지, 이 행동을 본 우위의 수컷은 그만 마음을 빼앗겨 그때까지의 기세를 잃고 멍청해지고 마는 것이다. 그 가슴 무늬에 가볍게 입술을 맞추는 경우마저 있다고 한다.

겔라다비비가 성기의 복사물을 갖게 된 데는 신체구조와 생활양식에 깊은 관련이 있는 것 같다. 그들은 몇백 마리에 이르는 집단으로 생활하며, 낮에 주로 초원에서 풀을 뜯어먹는다. 저마다 주저앉아서 채식을 한다는 말인데, 그러면 성기는 가려진다. 성기가 보이지 않는다는 사실이 무엇을 의미하는지는 이미 알 것이다. 즉, 달래기 신호를 보내지 못한다는 뜻이다. 경우에 따라서는 「저 녀석이 싸움을 걸어오네」 하고 해석될 수도 있다.

때때로 허리를 들어 주위에 달래기 신호를 보내는 것으로도 충분할 수 있다. 하지만 그런 행동은 아무래도 귀찮다. 게다가 채식성에 몸집까지 큰 그들은 하루 종일 먹어야 하기 때문에 애초에 그럴 여유가 없다. 가슴 무늬는 그런 요구 속에서 생긴 것이 아닐까?

겔라다비비는 흔치 않은 평화적 사회를 이루고 있어 원숭이 학자들에게도 인기가 높다. 가슴 무늬의 역할에 우리의 상상을 훨씬 초월하는 무엇이 있음에 틀림없다 (사실, 인간도 겔라다비비의 무늬에 상당하는 것을 갖고 있지만, 그 이야기를 하면 길어지니 그만두겠다).

자, 이제 「포르노」 이야기로 들어가자. 유인원에게는 없는 인간의 능력 중 지금 주목해야 할 것은 「모사(模寫)」, 즉 사물을 그것이라고 알아볼 수 있게끔 그려내는 능력이다. 유인원에게 붓을 쥐어주고 뭔가를 그리게 하는 실험이 실시되고 있기는 하지만, 완성된 것을 보면 안타깝게도 그림이라고 말하기에는 한참 거리가 멀다. 침팬지에게서는 다소 체계적인 선을 볼 수 있다지만, 그것도 그렇다고 설명해주어야 비로소 알아볼 수 있을 정도에 지나지 않는다. 그런데 인간과 마찬가지로 침팬지 중에도 그림 그리는 것이 세끼 밥 먹는 것보다 좋다는 녀석이 있다. 데스먼드 모리스가 유인원계의 피카소라 불렀던 수컷 침팬지는 매일 즐겁게 창작 활동에 힘썼으며, 작품의 완성과 미완성에 대한 의식까지 지니고 있었다고 한다. 침팬지를 얕잡아 보아서는 안 되는 것이다.

그렇다고 해도 인간의 모사 능력은 대단하다. 유명한 라스코 벽화* 속의 소와 말, 사냥하는 남자 등을 보면, 도대체 인간은 언제부터 이렇게 그림을 잘 그리게 되었을까 하는 생각이 든다. 여기서 내가 전부터 의심스럽게 여기고 있는 것은, 인간이 정말 소나 말, 사냥꾼을 그리기 위해서만 모사 능력을 발달시켰겠느냐 하는 점이다.

그리는 사람이 남성이었다면, 필시 다른 무엇도 그렸을 터이다. 그런데 그런 그림은 거의 남아 있지 않다. 스스로 지워버렸을까? 마누라나 후세 사람들이 찾지 못할 장소에 꽁꽁 숨겨놓은 것일까? 아니면 풍화되어 사라진 것일까? 혹, 남아 있기는 하지만 공개적으로 발표되지 않아 일부 고고학자들만 알고 있는 것은 아닐까?

증거는 없지만, 내 의견을 밝히겠다. 인간은 처음에 포르노그래피를 그리기 위해 모사 능력을 발달시킨 것이다. 복잡한 사회를 만드는 원숭이라고 할 수 있는 인간은 대량의 달래기 신호가 필요하다. 그러나 과거에 본래 갖고 있던 달래기 신호만으로는 부족하거나, 혹은 그것들이 어떤 사정에 의해 가려진 때도 있었을 터이다.

---

*약 1만 년 전에 그려진 프랑스 라스코 동굴의 벽화.

분명, 그럴 때 인공적인 달래기 신호가 필요하게 되었을 것이다. 포르노그래피는 그렇게 생긴 것이 아닐까?

곰베 공원의 마이크는 일찍이 누구도 실행한 적이 없는 기발한 위협 방법을 고안해냈고, 덕분에 순식간에 최상위로 올라갈 수 있었다. 그것은 예술의 기원을 시사하는 것처럼 보인다. 이 가설의 신빙성을 따지기 이전에, 그렇게 보면 예술은 처음에 위협 수단이었다는 말이 된다. 위협이란 보통은 우위에 있는 자가 하는 것이다. 그런데 포르노의 기원은 방금 말한 것처럼 많은 원숭이류, 유인원들이 가진 달래기 신호에 있다. 달래기 신호란, 위협을 받게 되는 낮은 위치에 있는 자가 낸다.

이런 이유가 있으니, 예술가들의 사회적 지위가 높은 것은 당연하다. 예술 활동은 크든 작든 간에 사람을 위협하는 행동이며, 오랫동안 위협 활동을 계속해온 예술가에게는 국가가 멋진 훈장에 더하여 연금까지 준다. 반면, 「달래기 신호」를 보내며 사회 평화를 위해 공헌하고 계시는 포르노 감독, 포르노 여배우들의 지위는 조금도 올라가는 법이 없다. 올라가기는커녕 당연하게 사회적으로 멸시당한다. 그들의 활동이 '저속', '외설', '추잡'해서가 아니라, 그 기원에 원인이 있는 것이다.

Joke로 몸을 보호한다

2차 세계대전이 발발하려 할 무렵의 런던. 두 신사가 뭔가를 의논하고 있었다. 한 사람은 수상 처칠이고 또 한 사람은 고명한 생물학자 줄리안 헉슬리이다. 헉슬리는 이때 런던 동물원의 원장이었다.

처칠이 물었다.

「만약 위험한 동물들이 탈출하는 사태가 발생할 경우, 원장은 어떻게 할 작정이시오?」

헉슬리가 대답했다.

「사살하겠습니다」

비정하다는 생각도 들지만, 어쩔 수 없는 조치이다. 전시 상황이 된다면 일일이 생포할 여유가 있을 리 없다. 그런데 처칠은 잠시 생각에 잠기는가 싶더니 갑자기 큰소리로 말했다.

「유감이군!」

뭐가 유감이란 말인가.

「대도시의 황폐한 도로에 폭격으로 희생된 사람의 시체를 닥치는 대로 먹어치우면서 불탄 자리를 어슬렁거리는 사자와 호랑이의 모습을 그림으로 그려* 일대 서사

---

*처칠 수상은 상당한 실력을 지닌 아마추어 화가였다.

시를 만들 수 있는 절호의 기회인데……」

이거야말로 영국식 비꼬기 조크의 극치다. 영화 자막이나 번역물 중에서 가끔 나타나는 이런 식의 조크에 등장인물들은 신나게 웃지만 나는 멍하니 입만 벌릴 따름이다. 번역이 매끄럽지 못해서 그런 것인지, 영어 뉘앙스를 아는 사람들에게는 정말 웃기는 얘기인지, 이런저런 생각을 하게 된다. 하지만 역시 이런 종류의 조크는 일본인에게는 먹히지 않는다. 일본의 「농담」은 그렇게 삐딱하면 억지스럽다고 버림받는다.

그건 그렇고, 영국은 전쟁이 일어났을 때 동물들의 처우에 대해서는 다음과 같이 결정하였다. 호랑이나 사자 같은 맹수는 탈출하면 사살. 독뱀, 독거미 같은 것은 발견이 어려우니 미리 죽인다. 파충류 담당자들은 이 결정에 몹시 낙담하여 초췌해지기까지 했다고 한다. 눈물을 흘렸는지 어땠는지까지는 분명하지 않다.

이윽고 세계대전이 시작되었고, 런던 동물원에도 소이탄의 비가 쏟아졌다. 그런데 도망친 것은 유감스럽게도(?) 수컷 얼룩말 한 마리뿐이었다.

한밤중에 일어난 일이어서 원장인 헉슬리는 잠옷 바람에 헬멧만 쓰고 나가 분투했다. 막대기를 휘두르고 또

휘둘러 겨우겨우 얼룩말 우리로 몰아넣은 것까지는 좋았는데, 안도의 한숨을 돌리는 것도 잠깐, 그 녀석이 또다시 침착성을 잃어버린 것이다.

고사포가 울릴 때마다 겁을 먹고 뒷걸음질을 쳤다. 타닥, 타다닥. 이러저러 하는 사이에 헉슬리의 눈앞까지 얼룩말의 거대한 엉덩이가 육박해 왔다. 운수 사납게도, 그곳은 얼룩말 우리의 구석이어서 도망칠 곳이 없었다. 이제 남은 일은 뒷발로 채이기를 기다리는 일뿐……(대학자일수록 이런 때는 멍청하다). 그런데 조금 있다가, 어찌된 일인지 녀석이 마음이 변한 듯 문득 잠자는 곳으로 돌아가버린 것이었다. 이로써 한 건 해결.

헉슬리는 이내 사육담당에게 공포의 체험을 이야기했다. 담당은 태연했다. 그 얼룩말은 물기는 해도 발로 차는 일은 없는 녀석이라는 이야기였다. 이어서 원장이라는 사람이 그런 것도 몰랐느냐 하는 경멸의 시선까지 보냈다.

「그래도 물리지 않았으니 다행이지 않습니까?」

나중에 어떤 사람이 그 일에 대해 위로하자, 말이 끝나기가 무섭게 헉슬리는 대답했다.

「그런데 얼룩말이 고개를 돌려 나를 봤다면 틀림없이

동료라고 생각했을 거야. 내가 그때 줄무늬 잠옷을 입고 있었거든」

이것도 조크다. 그래도 이번 것은 웃긴다. 단순하고 재미있다. 이런 식으로, 지지 않으려고 뻗대는 듯한 방식의 조크는 일본인들에게도 드물지 않다.

자, 느닷없지만 같은 시기의 우에노 동물원으로 장면을 바꾸자. 여기서는 '맹수는 도망치고 난 다음에' 어쩌니 하며 느긋하게 굴 여유가 없었다. 공습이 시작되고 얼마 되지 않은 1943년, 도쿄 도지사의 명령이 떨어지자마자 모든 '맹수', 즉 사자, 호랑이, 표범, 곰, 뱀 등은 사살되고 말았다. 그리고 코끼리는 마지막으로 그 유명한, 눈물 어린 이야기를 남기고 떠났다.

처음에 사육사가 독이 든 사료를 섞어주었더니 코끼리들은 보란 듯이 독인 든 것들을 골라내며 먹기를 거부했다. 다음 수단이 마쳐졌는데, 이번에는 두꺼운 피부가 주사바늘을 거부했다. 도저히 코끼리를 죽일 수가 없었던 사육사는 끝내 굶겨 죽이는 방법을 택했다.

그런데 코끼리가 영리한 탓에 슬픈 이야기가 더한층 슬퍼지고 만다. 코끼리들은 재주를 부리면 먹을 것을 받을 수 있을 거라 생각하고, 사육사 앞에서 그동안 익힌

재주를 열심히 펼쳐 보인 것이었다.

뒷발로 서보았지만 먹을 것을 받을 수 없었다. 코를 높이 쳐들어보기도 했지만 역시 받을 수 없었다. 이렇게 해서 코끼리들은 차례차례 한 마리씩 굶어 죽어갔다. 이 이야기는 일본 사람들이 전쟁의 비참함을 이야기하기 위해 여러 번 인용된 바 있다.

일본과 영국의 동물원 이야기. 나는 「영국인이라면 잽싸게 코끼리를 죽이는 수단을 생각했을 것이다」라든가, 「일본인은 울기만 할 따름이지, 사실은 잔혹하다」든가, 「영국인은 비상시에도 유머를 잊지 않는다」는 따위의 감상을 펼치기 위해 앞의 이야기들을 인용한 것이 아니다. 양쪽은 확실히 슬픔의 해결 방법이 다르구나 하고 생각했다는 얘기다.

일본 사람들은 남자든 여자든 간에 금세 울어버린다. 꽃의 생명이 짧다면서 울고, 주인의 죽음을 모르는 개가 너무 불쌍하다면서* 또 운다. 그렇지만 서양 남자들은 웬만한 일이 아니고서는 울지 않는다(참고 있어서 그런

---

*일본에 동상까지 있는 '하치'라는 개의 이야기로, 주인의 죽음을 모르고 항상 마중 나가던 곳에서 주인을 기다리다 죽었다는 실화. 우리나라에서도 책과 영화로 소개된 바 있다.

것이 아니라 생리적으로 잘 울지 못하는 것 같다). 그럼 그들이 괴롭더라도 울지 않고 살아갈 수 있는 강한 정신력을 가진 인종이냐 하면, 그렇지도 않다고 생각한다. 그들은 눈물을 대신할 것을 갖고 있는 것이다 – 그것이 조크이다.

「웃음」이란, 아기가 우는 것에서 파생된 신호라고 말한 사람은 데스먼드 모리스이다. 우는 것과 웃는 것은 실제로 매우 비슷한 현상이다. 둘 다 입을 크게 벌리고 얼굴을 잡아당기면서 불연속적으로 호흡한다. 정도가 지나치면 얼굴이 붉어지고 마침내는 우는 건지 웃는 건지 알 수 없는 상태가 된다. 너무 심하게 웃으면 진짜로 눈물까지 나온다. 웃음은 우는 것의 대용이라 해도 지나친 말이 아닌 것이다.

울래야 울 수 없는 서양 남자들은 조크라는 것에서 배출구를 찾는다. 조크는 나와 남의 사이에 웃음의 계기를 만들며, 그로써 두 사람은 함께 웃게 된다. 그렇게 함으로써 조크의 발신자는 훌륭하게 울거리를 풀어버릴 수 있는 것이다.

그런데 혼자 있을 때에는 조크를 할 수 없으니 괴로움도 풀 수 없지 않을까? 아니, 코믹 잡지나 유머 소설이

상대를 해주니 괜찮은 걸까?

이런 생각이 들어 다소 혼란스러워졌을 때, 문득 떠올랐다. 웃음의 기원이 정말 아기 울음에 있다고 보아도 되는 것일까? 모리스는 인간의 아기에 착안했지만, 나는 유인원에 착안해보고 싶다. 유인원에게서 기원을 찾아도 답이 같을 수 있을까?

영화 속의 침팬지 등은 종종 이빨을 드러내며 인간들을 비웃는 듯한 표정을 보여준다. 그렇지만 실제로는 그들은 웃고 있는 것도 아닐뿐더러 울고 있는 것도 아니다 (원래 우는 것이나 웃는 것은 인간 특유의 행동이다). 다시 말해 그들은 송곳니를 내밀어 위협을 하고 있는 것이다.

어느 동물 프로덕션 소속의 침팬지가 가엽게도 인간들에게 계속 괴롭힘을 당한다. 견딜 수 없었던 침팬지는 송곳니를 드러내며 위협한다. 바로 그 순간, 「좋았어, OK!」. 그날은 더 이상 괴롭힘을 당하지 않는다. 상업영화에서는 이런 식으로 침팬지를 '웃게 만들고' 있는 것뿐이다. 그러니, 「웃음의 위협 기원설」이라고 하는 것은 어떨까?

조크의 목적은 우선 상대를 웃기는 데 있다. 여기서

「울음 기원설」을 따르자면, 조크를 하는 인간은 사실은 자신이 울고 싶은 것을 상대를 울려서 해소한다는 말이 된다. 이렇게 되면 조금 앞뒤가 맞지 않는다.

한편 「위협 기원설」로 보면, 조크를 하는 인간은 먼저 상대를 웃김으로써, 다시 말해 「위협」을 하게 만듦으로 써 상대를 우위의 입장에 서게 해준다는 말이 된다. 그 렇게 해서 자신에게 닥칠 수도 있는 진짜 공격을 방지하는 것이다. 즉, 「포르노」가 시각에 의한 달래기 신호라면 조크는 언어에 의한 달래기 신호인 셈이다. 결국 조크는 「포르노」와 똑같은 의미와 위치를 가진다. 예술에 비해 포르노가 천시되듯이, 남을 웃기는 것을 직업으로 하는 사람들은 「광대」라고 하여 업신여김을 받고 유머 소설은 「소설」이 아니라면서 화까지 내는 아저씨가 나타나는 것 이다.

그렇지만 「위협 기원설」 또한, 구태여 말하지는 않겠지만, 몇 가지 문제점을 안고 있다. 역시 「웃음」과 같은 커다란 테마를 한두 가지 가설로 설명하려는 쪽이 무모했던 것 같다. 웃음의 기원은 필시 하나가 아닐 것이다.

그건 그렇다 치고, 서양인들이 주고받는 살벌하기만 한 조크. 그것이 일본인들이 보여 주는 겸양의 미덕이나

마치 다투듯이 사양해대는 태도와는 도대체 어떻게 다
르다고 보아야 할지…….

왜 「뽕짝」이 좋아질까?

울고 있잖아요.
돌봐 주세요~ ♪

지금으로부터 6, 7년 전의 이야기이다. 오랜만에 전화를 건 친구가 갑자기 이상한 말을 했다.

「난 있지, 뽕짝*을 엄청 싫어했거든. 똑같은 패턴에다 촌스럽잖아. (그래) 가수의 얼굴 표정도 10년 내내 똑같고, 도대체가 늙다리 같잖아? (응, 그래) 그랬는데 말이야, 얼마 전에 '야, 좋구나' 하는 생각이 들더라고. 가슴에 막 저며 드는 느낌이었어」

「에? 그거 놀라운데. 드디어 아줌마가 되기 시작한 거잖아」

난 아줌마가 아니라는 사실을 애써 강조하고자 하는 의도는 아니지만, 나는 아직 뽕짝이 왜 좋은지 모르겠다. 친구가 말한 것처럼, 우선 지겹도록 똑같은 패턴인 점이 싫다. 처음 듣는 곡도 대개는 다음 소절을 짐작할 수 있을 정도다. 간혹 「가요 무대」**인가, 가요 운동장인가 하는 프로그램을 보면서 가사 자막에 맞춰 적당히 불러보면, 놀랄 만큼 정확하게 음이 딱 맞는다. 깜짝 놀랄 새로운 소절, 의외의 전개 같은 건 거의 없다(이 점에서

---

*엔카(演歌). 흔히 '트로트'라고 불리는 우리나라의 가요에 많은 영향을 미쳤다고 하는 일본 노래.
**演歌の花道.

이미 뽕짝은 '예술'과 다르다고 할 것이다).

푸념투성이인 데다가 습도 100%인 점도 싫다. 그런 의미에서 과거에 유행했던 「포크」나 「뉴 뮤직」*도 별것 아니었다. 그저 젊은 층을 대상으로 한 뽕짝에 지나지 않았다. 그 증거로 다니무라 신지**는, 지금은 멋진 뽕짝 가수가 되어 있다. 나는 뽕짝을 싫어하듯이, 똑같은 이유로 「포크」도 「뉴 뮤직」도 싫어했다.

하지만 난 「록」은 좋아한다(특히 헤비메탈. 「헤비메탈」이 무슨 뜻인지 모르는 사람은 주위 젊은이들에게 물어보기를). 록이 좋은 이유는, 기분 좋게 「위협」해주기 때문이다. 정말 기분이 상쾌해진다. 단지 「위협」을 하고 있다는 이유만으로 그냥 록과 '예술'을 관련 지어서는 안 된다. '예술'은 의미를 알 수 없게 만들어버림으로써 사람을 위협하고 불안에 빠뜨리는 방법이다. 록도 대체로 단순한 패턴이라서, 이유는 제대로 알려준 뒤에 위협을 한다. 그래서 좋다는 것이다.

여하튼 뽕짝은 곧 「눈물」이다. 뽕짝 가사에 많이 등장

---

*70년대 일본에서 유행한 음악으로, 미국식인 포크와 록을 일본식으로 소화하면서 정치색 등의 메시지는 옅어졌다.
**70년대 유명 록밴드의 리더.

하는 「비」, 「이별」, 「술」, 「남자」, 「여자」 등의 단어를 종합하면 한층 더 「눈물」이라는 한 단어가 떠오른다. 물론 「눈물」, 「울다」라는 단어 자체도 수없이 등장한다.

모리 신이치나 야시로 아키가 노래 부르는 것을 보면 「울고」 있는 것이 명백하지만, 미야코 하루미나 기타지마 사부로가 목청 높여 큰소리로 부르는 것 또한 우는 소리이다. 필시 뽕짝 가수들은 「우는」 방법으로 개성을 겨루고 있는 것이리라.

뽕짝 팬인 아저씨, 아줌마들은 울고 있는 가수를 토닥토닥 달래기도 하고 때로는 덩달아 울기도 한다(놀랍게도 가수 중에는 진짜로 눈물을 흘리면서도 음정은 틀리지 않고 노래할 수 있는 고도의 테크닉을 보유한 이들도 있다).

매우 드물긴 하지만 밝은 뽕짝도 있다. 그 경우, 아저씨 아줌마들은 아이들처럼 감정에 솔직하게 손뼉을 치거나 한다.

뽕짝이 애창되고 가라오케가 유행하는 것도 당연한 일이다. 누구나 노래하고 「울어서」 개운하게 기분전환을 하고 싶어한다. 그렇기 때문에 뽕짝에서는 초보자라도 금방 부를 수 있는 노래여야 한다는 점이 중요해진다.

뽕짝이 똑같은 패턴 일색에 촌스러운 이유가 바로 그 때문일 것이다. 너무 센스 있는 곡이 계속해서 이어지면 초보자는 따라 부를 수 없게 되므로 곤란해진다.

그런데 앞에서도 말했듯이 나는 영국인 등의 서양 남자가 조크를 날리며 웃는 것은 사실은 우는 것과 마찬가지이고, 그들이 종종 한마디도 지지 않고 조크를 주고받는 것은 한마디로 「달래기 신호 경쟁」이 아닐까 생각한다. 그도 그럴 것이, 서양 남자가 웬만해서 울지 않는 까닭은 강한 척하며 참고 있어서라기보다는 원래 생리적으로 울 수 없기 때문이다. 다소 의외의 사실은, 웃음과 마찬가지로 눈물도 인간만이 지닌 고유한 것이라는 점이다.

인간의 아기는 완전히 무력한 상태로 태어난다. 유인원이나 원숭이류의 새끼들은 태어나면서부터 모친의 가슴이나 등에 떨어지지 않고 꼬옥 매달리는 능력이라도 갖고 있다. 모자의 행동은 문자 그대로 일심동체이다. 그런데 그렇게 할 수 없는 인간의 아기는 침대 같은 곳에 혼자 내버려지는 사태가 종종 생긴다. 아기는 소리를 질러 모친이나 다른 어른들을 부르지만, 어른들은 어느 시대에나 바쁘기 때문에 쉽게 와주지 않는다. 그래도 아기는 와 달라고 더 한층 큰소리를 지르며 울어대는 수밖에 없다.

만약 이런 때 아무런 액체도 분비하지 않고 마냥 큰소리만 계속해서 지른다면 어떻게 될까? 콧속과 목이 완전히 말라버려 염증이 생길 것이다. 이는 정식으로 발성법을 공부하지 않은 상태에서 고래고래 소리 지르며 노래하는 록 가수와 학교의 응원단원이 목청을 망가뜨려가는 과정과 똑같다. 아기들의 목소리가 전부 허스키 보이스가 되고 만다면……. 눈물이란, 그런 사태를 막기 위해 나오게 된 것이라고 한다.

그런데 여기서 아기들은 생각지도 못했던 뜻밖의 결과를 얻게 된다. 그것은 눈물이 지닌 시각적 효과이다. 한참 있다가 엄마는 눈과 코로 짭짜름한 액체를 줄줄 흘리고 있는 자기 자식을 보는 순간 애처로움을 느끼고 마는 것이다.

「이렇게 울게 하다니, 미안하다 아가야」

껴안아 올려 얼굴을 비비고 눈물을 닦아주는 서비스를 베푼다. 혼자 너무 오래 내버려두면 안 되겠구나 하고 반성도 한다.

아기의 압승이다. 아기는 사실 거기까지는 기대하지

않았다. 아기는 그냥 엄마가 빨리 돌아와주기만을 바랐던 것이고, 눈물은 점막이 염증을 일으키면 곤란하기 때문에 분비한 것이다.

실제로 눈물에는 리소자임이라는 효소가 함유되어 있어서, 이것이 박테리아의 침입과 증식을 방지하는 효과를 지니고 있다. 눈물 덕분에 펑펑 울면서 코와 입으로 대량의 공기를 들이마셔도 건강상 문제가 생기지 않는 것이다.

눈물은 본래 아기의 자위 수단에 지나지 않았다. 그런데 그것이 발생되는 상황이 대개 정해져 있다 보니 다른 의미까지 더해지게 되었다. 즉, 부모와 그 밖의 어른들에게 보호 행동을 유발시키거나 하면서 「달래기 신호」로서의 기능도 가지게 된 것이다. 그리하여 인간은 어른이 되어서도 가끔씩 울게 되었다.

어른이 아기처럼 필사적으로 보호와 달래기를 요구하는 경우가 있다. 젊은 여자가 남자에게 쓰는 비장의 수단. 다 큰 남자가 무릎 꿇고 눈물까지 흘리는데 어떡하느냐, 하는 상거래 등에 쓰는 최후의 수단. 눈물을 흘리면서 자기 처지를 얘기하는 사람과 그것을 듣고 따라 우는 인생 경험 풍부한 중년 여성(매번 얘기하는 사람에 대해 진심으로 동정할 리는 없다. 상대의 인생과 자신의 인생이 적절히 겹쳐지는 케이스가 되면 불행했던 자신의 신세를 한탄하기 시작하는 것이다). 그리고 밤이라도 되면 이 자리 저 자리, 술자리와 가정에서 펼쳐지는 「울기 시합」.

일본인은 정말 「우는」 것을 좋아한다고 해야 할까, 하여튼 「부모자식 놀이」를 좋아한다.

상사가 기껏 두세 명의 부하 직원을 데리고 술을 마시러 가서 술기운이 막 돌기 시작하면 내놓은 푸념은, 어느 쪽에서부터 시작되는가 하면 보통 상사 쪽이다. 듣는 역할은 부하이다. 즉 여기서는 평소의 상하 관계와는 정반대로 상사가 「자식」이고 부하가 「부모」 역할을 하게 되는 것이다. 술자리에서 펼쳐지는 마이크 쟁탈전도 「자식」 역할 쟁탈전이다. 일본에는 「자식」 역을 하려는 사람이 정말 많다.

여기서 뽕짝에 대해 좀 더 살펴보고자 한다. 뽕짝의 기원에는 여러 가지가 있는 것 같은데, 그중 하나는 한국 가요라고 한다. 그래서 그런지 일본뿐 아니라 한국, 대만, 홍콩 등은 바야흐로 뽕짝 문화권을 형성하고 있다. 일본에서 유행한 곡은 그 나라들에서도 유행하고,

그쪽에서 인기를 모았던 곡은 일본에서도 대중적인 사랑을 받는다. 어른이 「운다」라는 성질이 이들 지역의 공통점이기 때문이리라. 이러한 점은, 중국 동부, 베트남, 타이, 미얀마 등등으로 범위를 넓혀보아도 분명 마찬가지일 것이라고 생각된다.

내가 말하고 싶은 바는 이렇다. 그 지역에 뿌리를 내리고 열심히 노력하지 않으면 좀처럼 성공할 수 없는 작물이라고 할 수 있는 벼(이를 거두기 위해서는 일반적인 노력으로는 부족하다고, 일본 옛날이야기 속에서 되풀이하여 이야기된다)를 주로 재배하는 지역에서는 인간이 보다 네오테니적(幼形化)으로 되었다. 「쌀」은 과거 몇만 년에 걸쳐 조금씩 진행되었을 인간의 네오테니화(化) 역사를 최근 들어(그래봤자 최근 수천 년) 급격하게 진행시킨 것이 아닐까?

확인삼아 밝혀두는데, 그러한 현상은 「쌀을 먹기 때문에」에 일어난 것이 아니라 「쌀을 만들기 때문」에 일어난다. 무슨 소리인지 이해하기 힘든 부분이 있으니, 상세한 이야기는 다음 장에서 하도록 하자.

그리고 이것은 정말 사족인데, 나는 지금도 불평불만이 있으면 진짜 큰소리로 울면서 해소하는 어린애이고,

이 장의 첫부분에 나오는 내 친구는 훌륭한 두 아이의
엄마가 되었다는 사실을 덧붙여둔다. 그녀는 분명 뽕짝
을 부르면서 「울고」, 때로는 그녀가 편애하는 가수를 다
독거려주기도 하고 그럴 것이다.

동양인은 왜 덜 섹시할까?

꽤 오래된 일인 것 같은데, 1988년 서울올림픽 때 나는 좌우지간 흥분해 있었다. 이런 일은 굳이 밝힐 만한 거리가 아니라고 할지도 모르겠지만, 나로서는 기다리고 기다렸던 일대 이벤트 – 몸 구경을 즐길 수 있는 절호의 기회이기 때문이다.

그 전회인 LA올림픽에서는 볼 수 없었던 동구권 선수들을 보는 것은 정말로 즐겁다. 「이 사람은 몽골리언도 아닌 것 같고 코카서스인도 아닌 것 같은데, 중앙아시아의 무슨 무슨 공화국 근처 출신인가?」라든가, 「저렇게 훌륭한 근육은 어떻게 만들었을까?」 하는 등등, 여느 때와 마찬가지로 잔뜩 공상을 펼치게 된다. 국제 정치라면 별 관심이 없는 나라고 해도, 국제 신체라면 흥미진진하다. 이런 취미를 가진 사람을 위해서라도 올림픽은 「일정 국가들에 한정된」 축제여서는 안 된다고 생각한다.

이런 시합을 볼 때 늘 느끼는 것은, 동양 선수들은 한결같이 아이 같다는 점, 그리고 서양 선수들이 신기하게도 어른스럽게 침착하다는 사실이다. 이런 생각은 특히 여자 선수를 볼 때마다 더욱 깊어진다.

수영, 육상, 여자 유도 등, 힘이 모든 것을 말하는 종목에서는 그리 심하지 않지만, 다이빙, 체조처럼 기술을 겨루는 종목을 보면 그 차이가 확연해진다. 그리고 그 극치라 할 수 있는 것이 기술과 표현력을 겨루는 신체조이다.

불가리아나 루마니아 선수들의 요염함을 말하자면, 그것은 완전히 천성적인 것이라고밖에 말할 수가 없다. 물론 상당 부분은 노력의 산물이겠지만, 그래도 동양인이 넘볼 만한 상대가 아니다.

새삼 동서양의 차이를 인식하게 만드는 부분이다. 외모와 태도, 표현력에 큰 차이가 있음은 당연한 것이고, 도대체 어떻게 그렇게까지 차이가 벌어지게 되었을까 하고 생각하게 되는 것이다.

생각해보면, 서양인이란 예로부터 남녀 관계에 극히 열심이었고 남자나 여자나 상호간의 섹스어필을 진지하게 추구해온 사람들이라고 할 수 있지 않을까? 그렇지 않다면, 동물학적으로 볼 때 그렇게 큰 차이가 생길 리가 없다.

지금에서야 분명히 말해두는데, 동양 여자는 동양 남자를 아부로라도 '멋있다'고 생각하지 않는다. 드물게 존재하는 '멋진 남자'를 분석해보면, 그 사람은 어딘지 서양인적 특징, 예를 들면 키가 크다든가 다리가 길다든가, 이목구비가 뚜렷하다든가 코가 높다는 등의 특징을 갖고 있다. 이것들은 서양인의 특징이기도 하면서, 유인 원과 비교되는 인간의 특징 중 몇 가지이기도 하다. 「지 금 유행하는 얼굴을 예로 들자면 이 사람입니다」 하고 잡지에서 가르쳐주는 얼굴도 이 원칙에서 조금도 벗어 나지 않는다.

동양 남자도 동양 여자에 대해서는 거의 같은 생각을 하고 있는 것 같다. 개인적인 취향에 대해 언급하기 시 작하면 끝이 없겠지만, 대체적인 취향은 하얀 피부에 늘 씬하고, 들어갈 데 들어가고 나올 데 나온 체형, 뚜렷한 이목구비 등이다. 이것들 역시 서양인적 특징이자 인간 의 특징이다.

다시 말해 동양인은 동경심을 품고 있기는 하지만, 그 래도 남자나 여자들은 그렇게까지 섹스어필을 추구해오 지 않았다. 평생의 반려자를 고를 때에도 분에 넘치는 기대는 하지 않았고, 선택하고 나서도 별로 욕구를 표출 하지 않았던 것이다.

왜일까?

'여유'가 없었기 때문이다.

동양인이 바쁘다는 것은 요즘 들어 시작된 일이 아니

다. 바쁨의 원인은 바로 벼농사에 있다.

「쌀(米)」은 「88(八十八)」번의 품과 시간을 들여야 한다는 말이 있듯이, 벼를 수확하려면 매일매일 노력을 기울이는 것이 필요하다. 조금이라도 빈둥거렸다가는 금세 잡초가 생긴다. 예측할 수 없는 날씨로 인한 어려움, 수확 전의 태풍, 홍수 등도 걱정이다. 벼농사에는 날마다의 노력과 용의주도함, 거기에 지역 전체의 협력까지 모두 필요하다.

그러나 그에 앞서 노동력이 필요하다. 어린애라고 해서 놀릴 수가 없다. 어린이라고 해도, 지금으로 따져 초등학생 정도면 훌륭한 일손이 될 수 있다. 따라서 여자에게는 성적 매력은 아무래도 좋으니까 좌우지간 젊어서 장차 애를 쑥쑥 낳을 수 있을 것처럼 보일 것이 요구되었다(이는 남자 본래의 욕망과는 조금 거리가 있다. 여자에게 무턱대고 젊음을 요구하는 것은 남자 자신이 아니라, 그 집안의 최고 권력자 – 시어머니가 될 여성이었다).

동양 여자는 노동력 생산을 위해 「젊음」을 추구해야 했다. 그리고 눈물을 머금고 희생한 것이 섹스어필이다. 동양인이, 분명 성인인데도 어딘지 모르게 어린애같이 보이는 것도 그 때문이 아닐까?

그렇다면 유목, 목축 민족들은 어떠했을까? 그들에게는 우선 '여유'가 있다. 소와 양은 풀어놓으면 알아서 풀을 먹고, 그런 양을 돌보는 일은 소년이 할 일로 정해져 있다. 사냥개로 토끼를 사냥하는 것도 분명 신나는 일일 것이다. 일은 여가이기도 하며 즐겁기도 하다.

문제는 여기에 있다. 인간들에게 여가가 생기면 대체 무엇을 하기 시작할까? 취미 생활로 원예, 바둑, 장기, 아니 서양인이니까 체스나 카드? 답은 하나다! 바로 번식활동이다. 그것도 게임처럼 즐겁고 아슬아슬 두근두근하는 번식활동이다.

인간의 번식활동의 첫걸음은 먼저 어떤 상대를 고르느냐이다. 혼인 상대를 고를 때의 인간들은 다소 장기적인 전망에 서서 사물을 생각하므로 외모 따위는 크게 중요시하지 않았을 것이다.

그런데 혼인한 뒤에 이루어지는 혼인 외 교미, 다시 말해 '바람 피우기'가 되면 사정이 조금 달라진다. '바람'은, 흔히 일과성이라고 해도 좋기 때문에 상대의「인격」,「성격」같은 것은 별 문제가 되지 않는다. 바람 피우기의 성공 여부는 외모가 괜찮다든가, 일시적이라도

사람을 끌어당길 수 있는 무언가가 있느냐에 달렸다. 남
자라면 필시 키가 크고 다리가 길다든가, 말주변이 좋다
든가, 거짓말을 잘 한다든가, 혹은 사람의 마음을 잘 간
파하여 여자를 능숙하게 다룬다는 것 등이 포인트이다.
여자라면 얼굴이 예쁘거나 적당한 비율의 몸매를 갖고
있어야 한다. 거기에 이유를 알 수 없는 행동이나 자기
멋대로 굴어서 남자를 가지고 놀며, 상당히 나쁜 일도
아무렇지 않게 해버릴 수 있는 작은 악마와 같은 요소,
악녀적 요소도 중요하다. 불가사의한 아름다움(페로몬
일지도)의 발산 등도 포함시켜야 할지 모르겠다.

　남녀관계가 얽히고설키게 되면, 남자는 내 자식이 정
말 내 자식 맞나 하고 불안을 느끼기 시작할 것이다. 그
러면 남자는 아내의 주변을 경계하는 등 '정당한' 번식
활동 쪽에도 힘을 쏟지 않을 수 없게 된다. 이 일도 만만
치 않게 바쁘다(이와 관련하여 히다카 도시타카는 평소
에 이렇게 말한 바 있다. 일본에 오는 서양 관광객들이
항상 부부동반, 연인동반인 까닭은, 혼자 오면 고국에
혼자 남는 파트너나 그 틈을 노릴 정부(情夫/情婦)들이
걱정되기 때문이라고). 즉 서양인은 일에는 여유가 있었
지만, 남녀관계에 관한 부분에서는 바빴다. 결혼 직전이

든, 결혼 이후이든, 혹은 그 틈틈이든 간에, 하여간 평생 바쁘다.

서양인에게 있어서 인간 본래의 경향 – 네오테니화 경향에 브레이크가 걸리고, 다리가 길다든가 코가 높다든가 하는 네오테니로는 설명할 수 없는 특징(성적매력)이 강화된 것은 그 때문이다.

한 번 더 벼농사 민족들의 모습을 떠올려보자. 그들은 항상 일에 온 힘을 쏟는다. 부근에 사는 사람들끼리는 모여서 아침 일찍 논밭으로 나가야 하므로, 부부가 개별 행동을 취할 수 없는 시스템이다. 밤에는 밤대로, 여자는 작업복을 기우고 남자는 새끼줄을 꼬는 등 자잘한 일들이 기다린다. 또한, 어찌된 일인지 젊은이들은 젊은이들대로 툭 하면 모여서 술 등을 마시며 일로 인한 스트레스를 풀기도 하고 이러쿵저러쿵 별 볼일 없는 토론을 하는 풍습이 있다. 이러한 토론은 다람쥐 쳇바퀴 돌듯 알맹이가 없다는 점이 오히려 중요한 것 같다. 그들의 밤 집회에는 서로의 행동을 견제한다는, 본인들도 느끼지 못하는 중요한 의미가 있는 것이다. 집회에 참가하지 않는다든가 먼저 자리에서 일어나는 사람에게는 비협력, 무시 등의 징벌이 부과된다. 동양인이 단체행동적,

상호감시적인 것은 농작업의 능률을 위해서라기보다는 어쩌면 이런 쪽의 의미가 강할지도 모른다.

어쨌든, 이렇게 해서 한가한 서양인은 남녀관계에 부지런히 힘써 엄청나게 멋있고 섹시해져 버렸다. 한편 여유도 없고 주변 시선도 살벌한 동양의 남자들은 '정당한' 번식활동을 하는 것이 고작. 이리하여 동양에는 근면하고 성실한 남자는 늘었지만 멋있는 남자는 좀처럼 찾아볼 수 없게 된 것이다.

역시 삶의 여유란 소중한 것이다.

(주의) 교토대학의 구라 다쿠야*씨가 이 글을 읽고 중대한 지적을 해주었다.

몽골리언의 네오테니 경향은 지금으로부터 2만 년 정도 전에 지구가 급격히 추워지자 이에 적응하기 위한 진화의 결과이다. 즉, 추위에 견디기 위해 유아적 체형이 되었다는 것이 학계의 정설이다. 그러니 농경(한랭한 기후가 풀어진 1만 년쯤 전에 시작되었다고 여겨짐)이나

---

*이학박사로 교토대학에서 동물학을 강의하고 있으며, 「인기 있는 얼굴에는 이유가 있다」 등 여러 책을 냈다.

며느릿감 선택에 있어서의 시어머니의 영향력을 고려한 가설은 무모하지 않느냐, 하는 이야기다.

그러나 그 정설을 따르자면 한랭한 기후에서 해방된 지 1만 년이나 지났음에도 불구하고, 어째서 우리는 아직도 한랭기후에 적응한 상태로 남아 있는 것일까? 나는 역시 농경사회에서 시어머니가 며느릿감으로서 순진한 처녀를 좋아하는 경향에 주목해야 마땅하다고 생각한다. 적어도 그것이 한랭기후에 적응한 체형에서 벗어나는 것을 방해했다고 해도 좋지 않을까?

진실은 숨겨져 있다

영국 에든버러 대학의 명예교수이자 왕립협회 특별 회원이기도 한 R.V. 쇼트는 인간의 성(性)에 관해 진지하게 연구했던 사람이다. 그는 일찍이 인류학, 생물학 등의 전문가 몇 명과 팀을 구성해 영장류에 관한 데이터를 철저하게 수집했다. 그리고 그 자료들을 재빨리 해석하여 하나의 짧은 논문으로 발표했다.

데이터는 해부학과 원숭이학, 인류학 연구자들의 노력의 산물이었다. 쇼트의 연구팀은 해부용 메스를 휘두른 것도 아니고, 아프리카와 남미의 열대림에서 풍토병과 싸우면서 조사한 것도 아니었다. 남의 것을 주무르기만 한 연구임에도 불구하고, 비난이 나오지 않는 까닭은 오로지 그 탁월한 발상 때문이다.

논문에는 표가 하나, 그리고 그것을 기초로 한 그래프가 하나 있다. 표에는 33종의 대표적인 영장류의 이름이 적혀 있다.

위에서 순서대로 보면 먼저 슬렌더로리스(slender loris). 로리스 중에는 슬로우로리스(slow loris)라 이름 붙여진 종이 있을 정도로 평소 움직임이 느릿느릿하다. 낮에는 가만히 있다가 밤이 되면 곤충 따위를 잡아먹는다.

다음은 커먼마모셋과 목화머리타마린. 이들은 나뭇가지에서 나뭇가지로 가볍게 날아 이동하는, 마치 다람쥐처럼 몸집이 아주 작은 원숭이들이다. 먹는 음식도 과실, 꽃, 꿀과 수액, 곤충 등으로 정말 얌전하다. 로리스, 마모셋, 타마린은 모두 열대림 속에서 살며, 체중이 1kg이 채 안 된다. 로리스의 생태는 아직 잘 알려져 있지 않지만 마모셋과 타마린은 엄격한 일부일처제를 취한다고 한다.

세 번째 그룹은 꼬리감기원숭이과(科).

필두로는 친숙한 다람쥐원숭이. 다음이 훔볼트양털원숭이이다. 이 원숭이의 새끼는 온몸에 **빽빽**하게 짧은 털이 나 있어 마치 수세미 같은 느낌인데, 깜짝 놀랄 정도로 인간과 닮았다. 게다가 사람을 무척 잘 따른다. 그래서 19세기 박물학자 A.R. 월레스의 경우에는 완전히 반해서 남미에서의 채집 여행 기념으로 몇 마리를 데려오려고 했을 정도이다. 그렇지만 출항 직후 배에 난 화재로, 불쌍한 이 희귀 원숭이는 타 죽고 말았으며, 월레스만 우연히 지나던 배에 구조되어 구사일생으로 목숨을 건졌다.

꼬리감기원숭이과의 리스트에는 짖는원숭이(hawler

monkey)와 검은거미원숭이(black-handed spider monkey)도 추가된다.

짖는원숭이는 중남미 열대림에 폭넓게 살고 있는데, 특히 수컷은 그 이름에서 알 수 있듯이 사방 1km까지 전해질 정도로 큰소리를 낸다. 이런 행동 또한 밀림에 사는 오랑우탄 수컷이 큰소리를 내는 것과 똑같은 이유에서이며, 환경이 비슷하면 생태도 비슷해진다는 「수렴(收斂)」의 좋은 사례이다. 집단끼리는 매일 아침 「새벽 목청 대결」을 벌이면서, 이른바 클랙슨을 울림으로써 충돌을 피한다.

검은거미원숭이는 남미의 긴팔원숭이와 비슷한 원숭이인데, 긴팔원숭이와는 달리 꼬리가 매우 발달해 있다. 나무 위를 이동하는 모습을 보면 마치 다섯 개의 다리를 순서대로 움직이는 것 같다고 한다. 꼬리감기원숭이과의 원숭이는 모두 중남미에 살고 있으며, 체중은 기껏해야 10kg 정도이다. 보통 한 집단 안에는 여러 암컷이 존재하며 난혼을 한다.

다음은 긴꼬리원숭이과. 사바나원숭이, 멩거베이 등 아프리카에 사는 종류를 비롯하여 게잡이원숭이, 보닛원숭이, 붉은털원숭이, 돼지꼬리원숭이, 붉은얼굴원숭이와 같은 아시아 식구들까지, 우리가 원숭이라고 말하면 곧바로 떠올리는 것이 이들 원숭이 종류이다. 이들 중 아시아에 서식하는 종류는 긴꼬리원숭이과(科), 긴꼬리원숭이아과(亞科), 마카크속(Macaca屬)으로 분류된다. 일본원숭이도 여기에 속한다. 마카크속 원숭이는 대개 체중이 10kg이 안 되며 대집단으로 생활하고 난혼적이다.

다음은 비비속(Papio屬). 망토개코원숭이, 사바나비비, 아누비스비비, 차크마비비, 기니비비 등 모든 비비속에 속하는 것들이 망라되어 있다. 이는 쇼트의 연구팀이 비비에 대해 뭔가 특별한 애착을 갖고 있었다는 증거인데, 그 이유는 나중에 밝히기로 하자. 덧붙여, 「포르노」 이야기에서 등장했던 겔라다비비도 정확하게는 그냥 비비가 아니라 겔라다비비속(屬)의 겔라다비비이다. 비비속은 아프리카와 아라비아 반도의 초원에 살며 체중은 20~30kg 정도이다.

그 다음은 긴꼬리원숭이과(科)의 콜로부스아과(Colobus亞科). 잎을 주식으로 하는 날씬한 체형의 원숭이들이다. 새끼 죽이기 현상이 발견되어 유명해진 하누만랑구르는 이들의 동료이다.

또 수컷의 코가 축 늘어진 코주부원숭이. 이 원숭이는 곧잘 음란한 생김새를 가졌다고 입에 오르내리는데, 사실이 그렇다. 그렇지만 그 책임은 암컷에게 있다. 암컷이 코(성적(性的) 자기 의태*라고 한다)가 긴 수컷을 좋아하여 계속 그런 코를 지닌 배우자를 골라왔기 때문에 그렇게 된 것이다. 그러면서도 암컷들의 코는 전혀 늘어지지 않아서 원숭이의 들창코 그대로이다. 코주부원숭이는 보르네오 강가 숲에서만 살고 있기 때문에 환상의 원숭이라고도 불린다. 콜로부스아과 중에서는 가장 커서 20kg 정도, 대개 일부다처제이다.

연구 대상 리스트에서 원숭이(monkey)라 불리는 것은 여기까지로, 그 다음은 유인원(ape)이다.

먼저 소형 유인원인 긴팔원숭이. 긴팔원숭이는 동남아시아 열대림 위의 왕자로서, 실로 다양한 종으로 나뉘어진다. 연구 대상 리스트에 실린 것은 섬긴팔원숭이와 흰손긴팔원숭이. 둘 다 체중이 5kg 전후로, 가벼운 몸을 자랑한다. 긴팔원숭이는 엄격한 일부일처제를 취하는

---

*擬態 – 다른 생물이나 무생물 등과 흡사한 모양·색채·행동을 취하여 상대를 속이는 것.

것으로도 유명하다.

여기에 대형 유인원인 고릴라, 침팬지, 오랑우탄이 더해지고 마지막으로 등장하는 스타는 역시 호모사피엔스(인간)이다.

중간에 생략한 것도 있지만 33종 영장류의 면면은 대충 이 정도이다. 문제는 왜 이 논문이 그토록 많은 영장류의 이름을 필요로 했는가이다. 데이터의 제1항은 각 종의 평균 체중인데, 이는 모두 수컷의 체중이며 본문 중에서 소개한 것도 수컷에 관해서이다.

성별에 따른 동물의 체중 차이는 그 종의 혼인형태를 반영하는 경우가 많다. 예를 들어 수컷이 암컷에 비해 극단적으로 큰 동물은 대개 수컷끼리 암컷을 둘러싸고 힘을 겨룬다. 고릴라, 오랑우탄, 콜로부스에 속하는 종류들이 그 같은 예로, 이들은 일부다처제의 경향을 가진다.

그런데 수컷과 암컷이 짝을 이루어 행동하고 엄격한 일부일처제를 지키는 경우, 아니면 다수의 수컷과 암컷이 집단 내에 존재하며 난혼의 경향을 띤 경우에는 성별 체중 차이가 적다. 앞서 살펴본 것들 중에서는 마모셋, 타마린, 긴팔원숭이가 짝을 이루는 타입이고, 다람쥐원숭이, 훔볼트양털원숭이 같은 대부분의 꼬리감기원숭이과와 게잡이원숭이, 붉은털원숭이 등 긴꼬리원숭이과 마카크속에 속하는 것들, 그리고 침팬지가 난혼형이다.

엄격한 일부일처형이면 애초에 짝을 이루지 못한 수컷이 적으며, 부부가 되면 항상 행동을 같이 한다. 그렇기 때문에 수컷이 암컷을 둘러싸고 싸우는 일이 적으며, 수컷 입장에서는 애써 무언가를 발달시킬 필요가 없다. 사실 마모셋, 긴팔원숭이 등은 얼핏 보기에는 암수의 구별이 가지 않을 정도이다.

그렇지만 난혼형이거나 집단 내에 한 마리라도 라이벌이 존재하게 되는 상황이라면, 수컷은 다른 수컷을 완전히 배제할 수 없다. 수컷들은 어떤 형태로든 다투게 된다. 쇼트의 연구팀은 이 점을 밝히고 싶었던 것이다. 체중 다음에 나오는 데이터는 고환의 무게이다. 단, 몸이 커지면 거기에 따라 자연히 고환의 무게도 늘기 때문에 체중과의 비율을 구해야 한다.

조사 결과에 따르면 일부일처형은 모두 0.1% 내외로 유지되며 일부다처형에서는 0.05~0.1%(고릴라는 예외적으로 0.2%, 오랑우탄은 0.05%)밖에 되지 않는다. 그리고 문제의 난혼형은 무려 0.2~0.8%였다. 침팬지는

0.27%라는 수치가 나왔으며 0.8이라는 경이적인 수치를 보인 것은 게잡이원숭이이다. 논문의 마지막은 다음과 같은 논지를 펴고 있다.

난혼적이며 암수 관계가 엄격하지 않은 사회에서, 어떤 수컷이 수정시키는가 하는 것은 다분히 확률적인 문제이다. 그렇다고 몽땅 하늘에 맡겨두면 된다는 것은 아니다. 가능한 한 힘껏 노력하면 되는 부분도 있다. 확률을 높이고 운을 부르기 위한 방법은 정자의 양과 질, 그리고 재충전 능력을 높이는 것이다. 이 모든 능력의 지표가 바로 고환이다.

따라서 쇼트의 연구팀이 비비속에 주목한 것은 말 많은 전문가들에게 선수를 치기 위함이라고 할 수 있다. 전문가들은 필시 이렇게 말했을 터이다.

「먼 종(種)끼리 비교해봤자 의미가 없는 것 아니냐」

그래서 분류계통상 관계가 가까우면서도 어찌된 일인지 혼인형태는 제각각인 비비속을 들어 자신들의 이론에 맞아떨어진다는 사실을 보여준 것이다.

그런데 역시 신경이 쓰이는 것은 우리 호모사피엔스들이다. 수컷의 평균 체중은 65.65kg, 평균 고환중량(좌우 합쳐서)은 40.5g이다. 따라서 고환중량 비율은

0.06%가 된다. 이는 영장류 전체로 볼 때, 인간이 그다지 난잡한 원숭이는 아니라는 사실을 시사한다(의외의 사실이지만). 그런데 이 수치는 서양인에 대한 것이다. 쇼트의 연구팀이 다른 기회에 홍콩 태생의 중국인 100명을 대상으로 조사한 결과 그 평균 고환중량은 19.4g이었다고 한다.

동양 남자는 꽤 믿을 만하다는 얘기가 되는 것이다.

웨지우드의 진화론

내가 오래전부터 쓰고 있는 피터 래빗이 그려진 머그컵은 원작 그림책에 충실하게 부드러운 색배합도 좋고, 바탕의 연한 크림색도 좋아서, 과연 영국제구나 하는 느낌이 든다. 게다가 꽤 튼튼한 점도 영국풍이다. 한번은 바닥에 떨어뜨린 적이 있었다. 틀림없이 깨졌을 거라고 생각했는데, 컵이 유도의 낙법을 익혔는지, 신중한 자세로 구르더니 흠집 하나 나지 않았다. 나는 더욱 마음에 들어 이후에도 각별한 애착을 갖게 되었다.

도자기 메이커 웨지우드라고 하면 영국 왕실용 도자기를 납품하는, 사실은 상당히 고급 메이커이다. 일본에서는 산딸기 문양이 그려진 식기가 유명한데, 비싼데도 불구하고 잘 팔려서 그저 그런 우리집 찬장까지 장식하고 있다.

그건 그렇다 치고, 그것과 이것이 서로 관련되어 있을 줄이야……

웨지우드의 번영은 18세기 산업혁명기에 창업자 조시아 웨지우드가 도자기의 대량생산에 성공하면서 시작되었다. 그는 사람들에게 많은 도자기를 팔아 당대에 엄청난 부를 축적했는데, 한편으로는 고대 로마시대의 유리항아리를 도자기로 복원하는 등의 상당히 풍류적인 취미를 가진 인물이기도 했다. 그가 몇 명의 스태프들과 연구하여 잇달아 내놓은 신제품은 영국 여왕의 눈에도 들었다. 모험정신과 진취성, 더하여 풍류적인 탐구심. 조시아의 성공 비밀은 그런 데 있었다.

한편 그에게는 여덟 명의 자식이 있었는데, 장녀 수잔은 소꿉친구와 결혼을 했다. 의사였던 그 남편의 집안은 웨지우드 가문과 친교가 깊은 사이였는데, 어떻게 된 것이 가풍은 정반대였다. 엄격하고 보수적이어서, 어떤 식인가 하면 학문 등도 세상과 인간을 위해 하는 것이라고 여겼다.

수잔은 남편 로버트와의 사이에 2남 4녀를 두었는데, 1809년에 태어난 둘째 아들의 이름이 찰스, 즉 찰스 다윈이다.

찰스는 처음에 의사가 되길 바라는 집안의 기대에 따라 에든버러대학에서 이를 위한 공부를 하였다. 병약한 장남을 대신하여 어떻게든 가업을 이어주기를 바랐던 부친의 간절한 기대 때문이었다. 하지만 찰스는 원래 낚싯바늘에 지렁이를 꿰는 일도 할 수 없는 성격이어서, 실습은 고사하고 외과 임상강의에서도 도망쳐 나올 정도였다. 의사라는 직업과는 맞지 않을 것임이 누가 봐도 분명했다.

이쯤 되고 보니 부친도 생각을 바꾸지 않을 수 없었다. 이번에는 캠브리지대학에 편입시켜 목사의 길을 걷게 했다. 신학이 의학보다 훨씬 편하기는 했지만, 그래도 찰스는 곤충채집 따위에 더 열중했다. 전공 쪽은 매일 결석이었고, 식물학이나 지질학 교수와 친해졌다. 그리고 졸업하는 해, 이대로 그냥 어느 시골 교회의 목사나 되겠지 하던 바로 그때, 생각지도 않은 이야기가 귀에 흘러들어왔다.

군함 비글호의 함장이 자연에 해박한 동승자를 구한다 - 그런 이야기가 찰스의 식물학 스승인 헨즈로 교수에게 날아온 것이다. 교수의 권유에 찰스는 팔짝팔짝 뛰며 기뻐했다.

그렇지만 부친은 강력 반대. 이유는 세상 모든 부모와 마찬가지로, 위험하다, 장래를 위해서는 안 된다, 쓸데없는 짓이다, 등등.

찰스는 어쩔 수 없이 지원을 취소하는 편지를 쓰려고 마음먹고, 그 전에 존경하는 조시 외숙부에게 상담하러 갔다(조시 외숙부란, 찰스의 어머니의 형제인 조시아 웨지우드 II세를 말한다. 다윈 집안이 있었던 곳은 웨일즈

에서 가까운 잉글랜드 슐즈베리라는 마을이었고, 웨지
우드 집안은 그곳에서 북동쪽으로 30km 정도 떨어진
곳에 있었다).

예상대로, 웨지우드 집안 사람들은 크게 기뻐하며 왜
그렇게 멋진 일을 거절하느냐며 고개를 갸우뚱거렸다.
조시는 곧바로 찰스의 아버지를 설득하기 위한 편지를
써서 부쳤는데, 그것만으로는 그 완고한 사람을 설득할
수 없을 거라는 생각에 서둘러 마차를 몰아 직접 찾아가
기까지 했다.

당시 편지에는 이렇게 쓰여 있다.

「자연에 대한 연구가 목사라는 직업에 도움이 안 될지
는 모르지만, 그래도 어울리는 일이라 생각합니다」

「찰스는 사물에 대해 폭넓은 흥미를 가진 인물이므로,
이번 일은 그가 인생과 사물에 대해 공부하는 데 있어서
쉽게 얻을 수 없는 기회로 여겨집니다」

이렇게 해서 찰스는 진정으로 좋아하는 길을 걷기 시
작했다. 비글호는 2년 예정이 5년으로 연장되었고, 지구
를 한 바퀴 돌았다. 그는 자신의 눈으로 세계의 자연을
볼 수가 있었다.

갈라파고스 제도에서는 되새류(핀치)의 부리에 각 섬

마다의 특징적인 변이가 있다는 사실(그러나 그의 학설의 힌트가 된 새는, 실제로는 되새류가 아니라 그와 유사한 새였던 듯), 뭍이구아나와 바다이구아나와의 차이. 쓸모도 없는 눈이 달려 있는 남미 두더지와 같은 생물, 마찬가지로 뒷다리뼈가 퇴화되어 흔적만 남아 있는 갈라파고스뱀 등등, 가는 곳마다 신기한 생물의 관찰과 채집. 화석 발굴과 지층의 신비함, 칠레에서의 지진 첫 경험. 거기에 인종과 민족에 따른 차이와 노예제도의 비참함. 이 모두가 훗날의 대발견으로 이어진다.

항해가 끝나고 그가 집에 돌아오자, 가족들은 물론 대환영이었다. 완고했던 부친도 아들의 성장 모습을 확인하고 만족스러운 웃음을 지었다. 항해 중에 보냈던 표본과 기록들이 벌써 그의 이름을 드높여놓았던 것이다. 찰스는 곧장 조시 외숙부에게 인사를 하러 갔다.

조시는 여전했지만, 이때 그의 눈을 사로잡은 것은 그의 막내딸 에마(다시 말해 찰스의 사촌누이)였다. 어렸을 적부터 서로 친했던 그녀는 찰스보다 한 살 많은 28세. 세세한 일에 매달리지 않는 대범한 성격에 폭넓은 교양의 소유자였다. 피아노는 쇼팽에게 직접 가르침을 받았고 바느질 솜씨도 뛰어났다. 그때까지 결혼하지 않

은 것은 자신이 돌아오기를 기다린 것이 틀림없다고 찰
스는 생각했다.

2년 후에 두 사람은 약혼했고, 다음 해에 서둘러 결혼
했다.

이 인연에 대해 양가가 기뻐하는 모습이 또 재미있다.
애초에 찰스의 외가는 웨지우드 가문이었지만, 그가 항
해하는 동안에 찰스의 누나와 조시의 아들이 결혼을 했
다. 거기에 또 찰스의 혼인이 이루어진 것이다. 그리하
여 다윈 집안과 웨지우드 집안은 삼중으로 연결된 사돈
관계가 되었다.

조시는 에마에게 지참금 5천 파운드와 400파운드의
연금을 지급하겠다고 선언했다. 그러자 다윈 집안도 질
세라 1만 파운드의 일시금, 여기에 500파운드의 연금을
선언한다. 당시 중류계급의 연간소득이 100파운드 정도
였으니, 찰스는 일을 전혀 하지 않아도 괜찮게 되었다.
실제로 그 자신도 이렇게 말했다.

「충분한 교육을 받았으며 나날의 식량을 위해 일할 필
요가 없는 사람들의 존재는 아무리 높이 평가해도 지나
치지 않을 정도로 중요하다. 고도로 지적인 일은 모두
그런 사람들에 의해 이루어졌다」(『인간의 유래』에서)

　찰스는 대학교수 같은 교직 자리에도 일체 취직하지 않았는데, 사실 그럴 만한 상황이 아니기도 했다. 그는 비글호 항해 직후부터 두통, 불면, 어지럼증, 불규칙한 심장박동으로 인한 두근거림 등에 시달리기 시작했다. 항해 때문에 무리가 생긴 게 아닐까, 열대 풍토병에 걸린 건 아닐까, 아니 억압적인 부친 때문에 생긴 신경증상일 거야, 하고 세상 사람들은 이러쿵저러쿵 수군거렸다. 그러나 실제로는 본인이 말한 바대로 단순한 자율신경실조증(自律神經失調症) 같은 것으로, 유전적인 문제였던 것 같다.

　결혼 후에 잠시 런던에서 살았던 그였지만, 태어나서 처음 해보는 도시생활, 그리고 인간관계 등에 지쳐 3년 정도가 지나자 교외의 시골마을인 다운으로 이사해버렸다. 그것은 말 그대로의 은둔생활로, 이후 그는 공적인 자리에는 일절 모습을 보이지 않았다.

　다운에서의 생활은 평온했다. 마을 회계를 담당하기도 하고 사람들의 상담 상대가 되어주는 등 소시민적 생활을 맛보았다. 그는 또 건강을 지키기 위해 일찍 일어나서 몸 상태가 좋은 시간을 최대한으로 이용하려 했다. 그렇지만 그런 시간은 길지 않았다. 하루 한두 시간이

기껏이었고, 30분도 채 안 되는 날도 많았다.

그런데 정말 의외인 것이, 그의 업적 대부분은 다운에서의 '요양생활'이 낳은 것이다. 『종의 기원』을 비롯한 십수 권의 저서를 이곳에서 썼고, 반 취미 삼아 시작한 난과 식충식물 연구는 오로지 그 길만 바라보고 매진해온 학자들마저 탄성을 지르게 만들었다. 그가 아이를 관찰하는 동안에 착안한 「표정」 연구 등은 완전히 시대를 앞지르는 독창적인 것이었다.

그와 토론을 하면 눈이 확 뜨이는 것 같았다고 친구들은 말했다. 남편의 병고를 달래주기 위해 아내인 에마는 이따금 피아노를 치고 밤에는 동서고금의 이야기를 들려주었다. 아이들은 자상한 아버지를 존경했다.

불가사의한 인물 찰스. 그는 먼저 탁월한 과학적 재능과 인내력을 아버지 쪽에서 물려받았다. 어머니 쪽에서는 진취적인 기질과 모험정신을 받았을 것이다.

하지만 인생의 고비고비마다 나타나 찰스의 운명을 바꾼 것은 어머니 쪽인 웨지우드 집안이다. 그의 인생 후반의 우아하면서도 유니크한 연구생활을 유지할 수 있게 해준 것도 이 집안이다. 웨지우드 가문의 부와 자유로운 정신이 없었다면 찰스 다윈의 대발견도 없었을 것이다. 그러니까 웨지우드의 진화론, 이라는 얘기다.

식도락이라는 위험한 문화

나는 전부터 일본요리라는 것의 성가심에 어이가 없어서 완전히 질려 말도 못할 정도이다. 예전에 밥은 처음엔 살살, 중간에 팍팍, 어쩌고저쩌고, 솥뚜껑은 열지 마라, 라는 식으로 지었다. 생선은 지금도 먼 불로 직접 굽게 되어 있고, 된장은 끓기 직전에, 미역이나 두부도 직전에 넣으라고 한다. 복잡한 순서와 타이밍, 제철 야채와 생선의 활용, 혹은 그릇에 보기 좋게 담는 룰에 젓가락 쥐는 법 등등. 요리선생이나 뭇 선배들의 말씀은 하나하나 까다롭다.

정월음식이라도 되면 거의 실신할 지경이 된다. 끓이고 삶는 요리야 냄비 하나면 되지 않냐고 생각했다간 큰 오산이다. 표고버섯, 우엉, 토란, 다카노 두부* 등은 먼저 따로따로 익혀 같은 찬합에 보기 좋게 담아야 한다. 얇게 채 썬 달걀노른자 지단과 오징어 구이**에 요구되는 손재주, 검정콩과 마른 잔멸치를 익힐 때의 인내력. 새해 요리가 정월의 주부를 가사노동에서 해방시켜주기 위함이라니, 대체 누가 그런 말을 했단 말인가.

---

*다카노 지방에서 유래된 얼린 두부.
**정월 음식으로 오르는 오징어 구이는 마쓰카사야끼라고 하여 오징어살에 솔방울처럼 격자무늬가 생기도록 칼집을 넣어 굽는다.

·

　옛날 일본에서는 기후가 한랭해서 쌀농사가 잘 되지 않으면 대신 칠엽수 열매를 먹는 문화도 있었다. 칠엽수의 열매는 자연 상태로는 너무 떫어 먹을 수가 없으므로, 먼저 며칠이고 떫은맛을 우려낸 다음에 데쳐서 부드럽게 만든 뒤에 다른 곡물과 섞어 절구로 빻는다고 한다. 그 공정 또한 까무러칠 정도로 길다. 인간은 여차하면 도마뱀이나 뱀도 먹을 수가 있다. 그런데 왜 하필 칠엽수 열매인가? 나는 여기에도 뭔가 작위적인 것이 존재할 거라는 생각이 들었다.

　한랭해서 변변한 작물을 키우지 못하는 지역은 세상에 얼마든지 있다. 영국, 네덜란드, 독일, 북유럽 국가들, 러시아 등, 유럽의 고위도 지역. 북아메리카와 남아메리카에서도 극지방에 가까운 지방. 북아메리카와 남아메리카는 신대륙이니까 제외한다고 쳐도, 다른 한랭 지역에서 인간은 도대체 무엇을 먹었는가?

　영국인의 식생활이 초라하다는 것은 널리 알려진 바이다(이는 어디까지나 일반론임). '디너'라고 해서 얼마나 화려할까 상상했더니, 접시만 훌륭했지(필시 웨지우드 제품이었을 것이다) 거기에 담긴 것은 데친 소시지와 삶은 감자가 전부였다. 그 외에는 빵과 약간의 술뿐.

네덜란드인도 치즈와 야채스프, 거기에 농구공만 한 크기의 거대하고 딱딱한 빵을 묵묵히 먹는다. 독일인은 매일같이 감자와 시큼한 양배추와 소시지를 먹는데, 독일 주부들은 부엌이 더러워지는 것을 싫어해 취사는 하루 한 번밖에 하지 않는다고 한다(이건 약간 과장일지도). 이하, 다른 지역도 다 비슷비슷한 수준이다.

그들은 왜 먹는 것에 집착하지 않는 것일까? 다양한 먹을거리를 얻을 수 없기 때문에 그렇지 않겠냐고 말해버리면 그뿐이겠지만, 그럴 리는 없다. 일본인이라면 조리법을 연구해서 떫은 열매든 뭐든 간에 갖은 수고를 다하여 먹고 말 터이다. 다른 나라 사람들이 단순한 먹을거리밖에 먹지 않는 데는 어떤 까닭이 있을 것임에 틀림없다.

이야기가 조금 바뀌는 것 같은데, 자연과학 분야에서 우수한 인재가 샘솟듯 나오는 것은 실은 이 '단순하게 먹는 문화권'에서 비롯된다.

20세기로 한정해서 말해보자면, 물리 분야에서는 W. 하이젠베르크가 독일, E. 슈뢰딩거가 오스트리아, P. 디랙이 영국, A. 아인슈타인이 스위스(그는 유대인으로서, 이곳저곳 옮겨 다녔음). 화학에서는 E. 러더포드가 영국, F. 생거가 역시 영국. 동물학에서는 K. 폰 프리슈가 독일, K. 로렌츠가 오스트리아, 네덜란드 출신인 N. 틴 베르겐은 영국으로 귀화했다.

이름을 늘어놓으면 왠지 썰렁하니까, 수치를 들어보자. 난 원래 상이라는 것을 전혀 신용하지 않지만, 노벨상의 자연과학 부문에 대해서만큼은 꽤, 상당히, 대체적으로 엄정하다는 인식을 지니고 있으므로 이를 예로 들어보겠다.

1901년부터 1988년에 걸친 자연과학상 3개 부문(물리, 화학, 생리·의학)의 국가별 수상자 수 랭킹은 다음과 같다.

1위 미국 145명, 2위 영국 64명, 3위 독일(동서독 합쳐서) 57명, 4위 프랑스 23명, 5위 스웨덴 15명, 6위 스위스 13명, 7위가 구 소련과 네덜란드로 각 10명, 9위 오스트리아 9명, 10위 덴마크 8명, 11위 이탈리아 7명, 12위가 일본으로 5명이다.

미국이 1위인 것은 사기인 데다가(왜냐하면 우수한 인재를 빼돌려 이주시켰으니까) 세계 최고의 다민족 국가이니까 대상에서 제외하기로 한다. 2위부터 11위까지를 보면 알 수 있는 사실은, 프랑스와 이탈리아를 빼면, 아니나 다를까, '단순하게 먹는 문화권' 의 나라들이라는 점이다. 특히 인구대비 비율을 따져보면 영국과 독일이 눈부실 정도로 높다. 뿐만 아니라 이 나라들의 인재들이 실질적으로는 미국의 1위도 뒷받침하고 있는 것이다.

학문의 전통 등을 비롯한 여러 문화를 현 시대에는 마침 북유럽이 선도하고 있기 때문에 그런 것 아니냐고 지적한다면, 내 입장은 상당히 난처해진다. 그럼에도 불구하고 내 경험에 비추어보자면, 이들 나라의 영재는 독창성이나 두뇌의 우수성 등의 면에서 정말 대단하다. 흔히 말하는 것처럼, 그들 중에서 뛰어난 사람은 일본인 중에 뛰어나다는 사람보다도 확실히 뛰어나다. 그리고 그들 중에 뛰어나지 못한 사람들은 일본인 가운데 뛰어나지 못한 사람보다 훨씬 뒤떨어진다. 평균치를 잡으면 일본인이 우수하다는 결과가 나오는데, 변동폭은 적다. 반면 그들은 변동폭이 엄청나게 큰 것이다.

식(食)문화를 추구하지 않으면 자연과학이 번영한다……. 그것이 사실이라면 도대체 왜 그럴까?

먹을 것이 변변치 않으면 인간은 말 그대로 '헝그리 상태' 가 되어 그만큼 학문 등에 열정을 기울이는 것일까? 아니면, 맛있는 음식을 먹고 싶다는 욕구에서 발전을 향한 맹렬한 열정이 생기는 것일까?

그런 생각도 쓸 만하기는 하다. 하지만 그렇게 결론 내버리면 논의를 계속할 수 없으니, 제쳐두자. 변변한 음식을 먹지 않는다는 것을 이렇게 해석해보면 어떨까?

그것은 우선 여성의 가사노동이 단순하고 편하다는 사실을 의미한다. 감자는 찌기만 하면 되고, 소시지와 치즈는 가게에서 사든가 1년에 몇 번쯤 온가족이 총동원 되어 만들어서 거대한 저장실에 넣어두면 그만이다. 그리고 한층 더 확대 해석하면, 그것은 사회가 여성에게 여자로서의 조건을 엄격히 적용하지 않음을 뜻한다. 먹을거리가 변변하지 않은 문화권이라고 해도, 복잡한 자수를 할 수 있는지 없는지, 직조방법이 복잡하고 까다로운 카펫을 짤 수 있는지 없는지, 등등 말도 안 되는 일을 여자에게 맡기고 꾹꾹 졸라대는 식의 문화는 '꽝'이다. 문제는 여성에게 요구되는 최소한의 조건이 어느 정도 이냐는 것이다.

먼저 그 조건이 엄격한 쪽의 사회에 대해 생각해보자. 까다로운 요리도 귀찮아하지 않고 척척 해내며 복잡기 괴한 자수와 카펫을 짤 수 있는 등의 조건을 만족시키는 여자는 세간에서 좋은 평가를 받으며 혼담도 빨리 마무리될 것이다. 그리고 그렇지 못한 여자보다 앞서 자식을 낳고, 효율 높게 자손을 남긴다. 그렇게 되다 보니, 그 사회에는 집안일은 무엇이든 척척 해내고 눈치 빠르고 손재주 좋고 세심한 일을 할 수 있고 인내력 강하며, 여기에 더해 글씨까지 예쁘게 쓰는 여자가 늘어갈 것이다. 대개의 여자는 그러한 요구들을 대략 일정수준까지 맞추겠지만, '이걸 어쩌란 말야' 하고 생각하는 이상한 여자는 멸망의 길을 걷는다. 여성들은 당연히 획일화되는 것이다.

이는 여자뿐 아니라 남자들도 마찬가지이다. 일본인이 손재주가 좋고 모방 기술이 뛰어난 것은 까다로운 일본요리를 비롯한 갖가지 도태 압력 탓이 아닐까?

그러면 조건이 완화된 문화권에서는 어떠할까? 가사노동 등 여자에 대한 요구수준이 낮으면 어떻게 될까? 그런 사회에서는 멍 하니 둔하다든가, 세심한 데라고는 전혀 없어서 문도 쾅쾅 여닫고, 요리도 두세 종류밖에 할 줄 모르고, 바늘 쥐는 품새도 영 불안한 그런 여자도 도태의 그물에 걸리지 않을 수 있다. 그녀들 또한 훌륭히 자손을 남길 수 있는 것이다.

그녀들은 왕왕 육아에도 별 관심이 없으며, 제멋대로

에 무기력한 여자일 수 있을 것이다. 하지만 어쩌면 그녀들은 갖가지 곤충을 잡아와서는 하루 온종일 바라보고 있어도 질리지 않는 여자일지도 모르며, 책 읽는 것만큼은 누구에게도 지지 않는 여자일지도 모른다.

주목해야 할 것은 그런 여자들이다. 얼핏 보아 아무짝에 쓸모없을 듯한 여자라도, 상당히 색다른 재능을 갖고 있거나 혹은 대단한 인재(특히 자연과학의)를 낳게 될지도 모르는 일이다. 그런 인물은 오늘날에는 그저 노벨상을 탈 뿐이겠지만(그것만으로도 굉장한 일이지만), 과거에는 국가의 존망까지 좌우했을 것임에 틀림없다. 이거 정말 대단한 일 아니겠는가.

아르키메데스 배출의 원리

기다란 장화 모양의 이탈리아 반도, 그 발가락 끝에 해당하는 것이 시칠리아 섬. 이 섬에는 일찍이 시라쿠사라는 이름의 도시국가가 있었다. 고대 그리스인들은 지중해 연안과 섬에 점점이 도시국가를 만들었는데, 시라쿠사는 그들이 기원전 8세기경에 건국한 곳이다. 이 나라는 그 이후에도 번영을 계속하다가 기원전 3세기경이 되면서 점차 국운이 기울어지기 시작했다. 본가라고 할 수 있는 그리스가 쇠퇴하고 로마와 카르타고가 급속히 세력을 넓혀갔기 때문이다.

그런데 이 약소 도시국가는 역사상 보기 드문 분투를 했다. 그것은 한 명의 영명한 군주와 한 명의 천재적인 군사고문에 힘입은 바 크다고 알려져 있다. 군주의 이름은 히에론 2세라 하는데, 이 사람은 어느 날 군사고문에게 왕관의 금 순도를 알아내라는 문제를 냈다. 군사고문은 며칠이고 그 문제를 고민했는데, 문득 마을 목욕탕 욕조에 몸을 담그고 있을 때 번뜩 떠오르는 것이 있었다고 한다. 옷 입는 것도 제쳐두고 벌거벗은 채로 집까지 달려갔던 그의 이름은 아르키메데스이다.

천재 아르키메데스는 다양한 병기를 개발하여 적을 괴롭혔다고 하는데, 가장 유명한 것은 「쇠갈고리」이다.

　기원전 214년(히에론 2세가 죽은 다음 해), 로마는 군대를 끌고 시라쿠사의 항구를 공격했다. 그런데 배가 암벽에 다가가려 하면 머리 위에서 이상한 물체가 내려왔다. 뭔가 하고 보니, 그것은 쇠로 만든 거대한 갈고리로, 선체에 턱 하고 걸리는가 싶더니 배를 쓰윽 잡아 올리기 시작했다. 배가 크게 기울고, 로마 병사들은 뭐가 어떻게 된 일인지도 모르는 채로 갑판을 미끄러져 내려가 줄줄이 바다에 떨어지고 말았다.

　지금으로 말하면 기중기와 굴삭기를 조합시킨 것과 같은 장치인데, 아르키메데스는 이를 인력과 지렛대의 원리만 가지고 실현시켰던 것이다. 우선 쇠갈고리는 긴 수평 막대기의 끝에서 아래로 드리워졌고(작용점), 수평 막대기는 높은 망루에 의해 받쳐졌다(받침점). 쇠갈고리와 망루와의 간격보다 몇 배나 긴 막대기의 다른 쪽 끝에는 몇백 개나 되는 로프를 묶어 시라쿠사의 시민들이 하나 둘 셋 하고 힘을 합쳐 잡아당겼던 것이다(이것이 힘점). 이렇게 하면 수백 명분의 힘이 몇 배로 확대되어 작용한다는 원리이다. 지렛대의 원리를 응용한 일은 그 이전에도 있었지만, 이토록 크고 획기적인 작업은 아르키메데스가 처음이었을 것이다.

아르키메데스는 그 밖에도 50kg이나 하는 돌을 정확하게 날릴 수 있는 투석기, 나무를 매달아 움직여서 배를 파괴하는 장치, 가연성 기름을 부어 배를 불타게 만드는 장치, 태양광선을 오목거울에 반사시키고 그것을 한 점에 모아 배를 태우는 장치 등등, 다양한 발명을 해냈다.

새로운 병기가 등장할 때마다 호되게 당한 로마군은 결국 전법을 바꾸기로 했다. 대군으로 시라쿠사를 멀찍이 둘러싸 포위하고 지구전에 들어간 것이다. 이렇게 되면 아르키메데스의 병기도 활약할 여지가 줄어들기 마련. 그리고 마침내 2년여가 지난 어느 축제날 밤, 로마군은 단숨에 시가로 쳐들어와 시라쿠사를 함락시켰다고 한다.

아르키메데스의 존재를 알고 있었던 로마의 지장(智將) 마르케루스는 그만은 어떻게든 구출하려고 했지만 안타깝게도 그 바람은 이루어지지 못했다. 『플루타르크 영웅전』에 따르면 아르키메데스의 최후는 다음과 같았다고 한다.

「아르키메데스는 자기 집에서 도형을 보면서 뭔가를 생각하고 있었다. 몸도 마음도 그 연구에 몰두해 있었기 때문에 로마군이 침입했다는 사실이나 도시가 함락된 사실도 모르고 있을 정도였다. 그런데 거기에 갑자기 한 병사가 나타나 마르케루스 장군이 있는 곳으로 가자고 명령했다. 하지만 아르키메데스가 이 문제를 풀어 증명을 얻기 전에는 갈 수 없다고 하자 화가 난 병사는 칼을 뽑아 그를 찔러 죽이고 말았다」

(아르키메데스 이야기는 『플루타르크 영웅전』 외에 쓰즈키 다쿠지의 『「힘」의 발견』 등을 참고했음)

국가나 민족의 역사란 대개 이런 식으로 되풀이해온 것이 아닐까? 다시 말해, 그 존망에는, 먼저 어떻게 위대한 지도자를 세우느냐, 다음으로 어떻게 「아르키메데스」를 배출하느냐가 문제인 것이다.

북유럽의 '단순하게 먹는 문화권'에 속하는 사람들의 조상은 분명 전쟁에 전쟁을 경험해왔다. 그렇지만 그들은 어떻게 하면 「아르키메데스」를 배출할 수 있을까 하는 궁리 따위는 한 적이 없다. 왜 그런지는 모르겠지만, 관습적으로 여자에게 엄격한 조건을 요구하지 않았으므로(즉, 강한 도태압력을 가하지 않았으므로), 때때로 「아르키메데스」가 나타나 나라를 구해주었던 것이다. 여자에게 강한 도태압력을 가하지 않는 문화와 「아르키메데스」의 출현과는 실로 관련이 깊으며 궁합도 잘 맞는다. 북유럽 문화에는 그런 진화적 근거가 있는 것이 아닐까 하고 나는 해석한다.

여기서 한 가지 더 생각해보자. 도태압력이 인간에게 가해지지 않는다는 관점에서만 보자면, 사실 대개의 사회에는 보다 효율이 좋아 보이는 「아르키메데스」 배출법이 존재했다. 그것은 인간 집단 중에 왕족, 귀족, 대지주처럼 완전히 도태압력이 해제된 특권적 계급이 있었다는 사실이다.

그런 계급 사람들은 태어나면서부터 생활이 보장되어 있어서, 먹고살기 위해 허덕거리며 뼈 빠지게 일할 필요가 전혀 없다. 최소한의 요구라는 것은 고작 사교술과 매너 정도이다(왕이나 왕비 정도 되면 정치적 음모 등에 휘말리는 게 큰일이었겠지만).

지금보다 훨씬 미숙했던 시절에, 나는 이 세상에는 왜 그런 쓸데없는 인간들이 존재했고, 서민들은 왜 그것을 허용해왔는지, 정말로 분개했다. 그럼에도 불구하고 지금 나의 생각은 이렇다.

만약 국가의 구성원 전원이 평등하고(일단 대표자 같은 사람은 필요하겠지만), 모두가 똑같은 도태압력 아래에서 생활하고 있었다면 어떻게 되었을까?

개개의 인간은 먼저 자기가 살아갈 일, 그러고 나면 자손을 남기는 일에 온 정신을 쏟고 그쪽 방면의 능력 발달에만 경쟁하게 된다. 그 나라의 모든 사람들은 건강하고, 일 잘 하고, 자식을 낳고 기르기를 몹시 좋아하고, 자식이나 손자의 얼굴을 보는 일이 더할 나위 없이 행복하다는 식으로 진화해갈 것이다. 그로써 병사 수에는 부족함이 없겠지만, 뛰어난 군사고문이라든가 병기 발명가는 나오기 어려워진다.

그럭저럭 하는 사이에 그런 나라는 「아르키메데스」 배출 시스템을 가진 이웃나라의 침략을 받고, 그 문화(즉 계급을 만드는 문화)를 받아들이지 않을 수 없게 될 것이다. 이는 거꾸로 도저히 침략을 당할 일이 없을 법한 변경이나 태평양의 섬들이라면 평등하고 평화로운 사회가 성립될 수도 있음을 의미한다. 어찌되었든, 냉혹하지만 이것이 인간의 역사이므로 어쩔 수가 없다.

계급은 일견 불공평한 것처럼 생각하기 쉽지만 꼭 그렇지만도 않다. 예를 들어 벌이나 개미의 콜로니의 여왕과 워커(일벌, 일개미)의 관계를 보자. 여왕은 콜로니 안에서 유일하게 산란을 하는 암컷이며, 워커는 스스로는 산란을 할 수 없으나 알이나 유충을 돌보는 불임 암컷이다. 이렇게 되면 우리는 아무래도 여왕이 워커를 착취한다고 생각하고 싶어져 버린다. 그런데 실제로는 오히려 그 반대이다.

현대의 아르키메데스라 일컬을 만한 미국의 천재 이론가 R.L. 트리버스*는 일찍이 H. 헤어라는 사람과 함께 다양한 개미에 대해 공동으로 연구를 했다. 먼저 워커가 스스로는 자식을 낳지 못하면서 어미인 여왕개미에게는 계속해서 자식을 낳게 하는 까닭은, 그렇게 하는 편이 효율적으로 자신의 유전자를 남길 수 있기 때문이며, 그 사실을 스스로도 잘 알고 있기 때문이라는 것이다(여기서는 자세히 설명할 수 없지만, 벌이나 개미는 특수한 성(性) 결정 시스템을 가지고 있어서 이런 역설적인 현상이 일어난다).

트리버스는 여기서 한 걸음 나아가 유전자 남기기를 둘러싸고 여왕과 워커가 매우 심하게 다툰다는 사실, 그리고 그 승부는, 어느 쪽이냐 하면, 워커 측이 승리한다

---

*세계 3대 동물학자 중 한 사람으로 평가받는 학자로, 다윈의 자연선택설을 발전시켜 동물들이 성비를 조절할 수 있다고 밝히는 등 다양한 연구와 이론으로 주목을 받았다.

는 사실을 보여주었다. 이는 벌이나 개미가 가진 계급의 수수께끼를 푸는 엄청난 계기가 되었다.

이런 이유도 있어서, 나는 특권계급이라는 것은 그저 하나의 명칭에 불과하다고 생각한다. 오히려 그것은 서민이 자기도 모르게 만들어낸, 최고 최선의 자기방어 시스템이 아닐까 하는 생각마저 든다(그렇지 않다면 일찍이 특권계급이 그토록 보편적으로 존재할 수 있었을 리가 없다). 서민들이 그들에게 일부러 자유로운 생활을 하도록 만들어주는 것이다.

도태압력이 해제된 그들의 사회에서는 다양한 기인(奇人), 괴짜가 나올 것이다. 개중에는 정말 도움이 안 되는 인간, 시나 그림 같은 우아한 취미나 사랑놀음에만 일생을 허비하는 인간도 나오겠지만, 그래도 서민들을 괴롭히지만 않으면 아무래도 좋다. 더구나 아주 방탕한 인간이라면 언젠가는 완전히 재산을 잃어버리고 도태되기 마련이니까 괜찮다.

인간이란, 집단의 변동폭을 항상 크게 해두지 않으면 점차 쇠퇴해버리는 성질을 갖고 있다. 이는 전쟁을 하지 않겠다고 약속하고 있는 현 시대에 있어서도 여러가지 의미에서 딱 들어맞는다. 나는 이런 이치를 일단 「아르

키메데스 배출의 원리」라 부르고, 이 원리를 적용할 길
이 없을까 궁리하는 중인 것이다.

트랜스젠더에게 갈채를

이스라엘의 *L. 띠셀슨은* 홍해산 금강바리를 20마리나, 그것도 무슨 생각에서인지 암컷들만 길렀다.

금강바리는 태평양 서부에서 인도양, 홍해에 걸쳐 살고 있는 농어목 바리과의 물고기이다. 몸길이는 다 자란 것이 10cm 정도. 암컷은 화려한 오렌지색이며, 수컷은 차분하고 보랏빛이 도는 어두운 적색을 띠고 있다. 또한 수컷의 등지느러미에는 세 번째 가시가 매우 길게 뻗어 있어서 암수 구별이 쉽다.

그런데 관찰을 하던 피셀슨은 20마리 중 한 마리에 '이변'이 생겼음을 알았다. 밝았던 몸 색깔이 하루하루 빛을 잃고 거무튀튀해져 가는 것이었다. 2주쯤 지나자 몸 색깔은 완전히 붉은 보라색이 되었다. 자세히 보니 등지느러미의 가시도 길어져 있었다. 더구나 다른 19마리를 쫓아다니는 등, 아무리 생각해도 수컷 그 자체였다 (실제로 그 물고기는 정소(精巢)까지 발달해 진짜 수컷이 되어 있었다).

그래서 그는 이 개체를 수조에서 꺼내 보았다. 그러자 또 '이변'이 발생했다. 암컷 중 한 마리가 변화하기 시작하더니 끝내 수컷으로 변했다. 이 수컷을 꺼내도 또 마찬가지. 피셀슨은 이렇게 계속해서 암컷을 수컷으로 바

구어 마침내 마지막 한 마리까지 그렇게 만들고 말았다.

그래서 그는 어떤 조건하에서 성전환이 일어나는지, 또 어떤 암컷이 성전환을 하는지를 좀 더 자세히 조사하기로 했다.

성전환을 하는 암컷이 어떤 것이냐에 대한 부분은 지금까지의 실험으로 거의 분명해졌다. 성전환은 언제나 반드시 가장 크고 가장 강한 암컷이 했던 것이다. 성전환에는 아무래도 물고기들의 순위라는 것에 깊은 관련이 있어 보였다.

애초에 금강바리라는 물고기는 모두 암컷으로 삶을 시작한다. 치어(稚魚)로 잠시 떠돌이 생활을 보내는데, 운 좋게 살아남아 어느 정도의 크기까지 성장하게 되면 그때야 비로소 한 곳에 정착한다.

정착하는 장소는 산호초나 암초가 있는 곳이다. 거기에는 이미 몇 마리의 수컷(물론 성전환으로 그렇게 된)이 각자의 영역을 구축하고 있기 마련인데, 암컷이기 때문에 큰 저항 없이 그 장소에 받아들여진다. 또한 이미 거주하고 있던 암컷들도 그녀를 공격하려 들지 않는다. 그녀는 매년 성장을 계속해가는데(이러는 사이에 알도 몇 번 낳는다), 만약 중간에 죽어버리지만 않는다면 마침내 최고 우위의 암컷이 된다. 그리고 인생의 일대 전환은 어느 날 갑자기 찾아오는 것이다. 피셸슨의 실험에서 알 수 있듯이, 그것은 수컷이 어떤 이유에서인지 없어진 순간에 이루어진다.

수컷이 없어진다는 것은 말 그대로 그 모습이 사라진다는 말인데, 동물학자들은 무슨 사건이든 간에 의혹을 품고 덤벼든다. 예컨대, 그것이 수컷의 냄새가 없어진다는 의미일지도 모른다고 생각한 피셸슨이 또 실험을 벌인 것은 말할 필요도 없다.

먼저 수컷과 암컷과의 사이를 투명한 판으로 가로막아 모습은 보이지만 냄새는 나지 않는 상황을 만들어보았다. 이어서 이 판을 불투명한 것으로 바꾸어 실험해 보았다. 그렇게 하니 변화가 있었다. 역시 수컷은 그 모습에 의해 즉, 시각적으로 암컷의 성전환을 억제했던 것이다.

그 이후에도 성전환을 하는 물고기 종류들이 잇달아 발견되었다. 놀래기의 동료들은 대부분 「성전환파」이며, 말미잘에 공생하는 흰동가리의 각 종(흰동가리는 각 종에 따라 공생하는 말미잘의 종이 다르게 정해져 있다), 그리고 물고기는 아니지만 보라성게의 가시 사이에 숨

어사는 보라새우(Athanas kominatoensis)라는 아주 작은 새우까지 그렇게 성전환을 한다는 사실을 알게 되었다.

또한 성전환에도 각양각색의 경우가 있어서, 암컷이 수컷이 되는 경우가 있는가 하면 수컷이 암컷이 되는 경우(흰동가리가 그렇다), 혹은 유전적으로 운명이 결정되어 있기도 하고, 어떤 녀석들은 사는 중간에 성을 바꾸지만 어떤 녀석들은 평생 바꾸지 않는 경우(놀래기와 황놀래기) 등이 있다.

성을 바꾼다는 것에는 뭔가 까닭이 있음에 틀림없다. 그 까닭은 도대체 무엇일까? 이를 알기 위해서는 먼저 성이란 무엇인가를 물을 필요가 있을 것 같다.

먼저 왜 성이 있는가 하는 문제.

생물에는 일찍이 무성생식밖에 하지 않는 시대가 있었다. 무성생식이란 분열과 출아(出芽) 등에 의해 수를 늘리는 방식으로, 자손은 모두 유전적으로 균일한 ─ 클론이다. 이는 만약 그 생물이 환경에 잘 적응한다면 매우 효율성 높은 번식법이다. 무엇보다 유전적으로 최적의 상태를 지킬 수 있는 데다가 동종의 상대를 찾아야 하는 수고도 덜 수 있는 것이다. 그렇지만 클론이란 가 없은 존재이다. 클론은 클론이기 때문에 생기는 결함도 가지고 있다.

먼저 환경이 급변했을 때 어떻게 대처하는가의 문제이다. 클론에게 일족전멸의 위기에 처하는 경우가 생길 수도 있을 것이다. 그렇지만 이런 사태는 충분한 시간이 주어지는 경우이므로 그다지 큰 문제가 되지 않는다. 무성생식을 하는 생물에게 있어서 가장 큰 위협은 바이러스처럼 아주 가까운 곳에 존재하는 이단(異端)적인 생물이다.

그들은 빈번하게 유전자를 재조합하여 착착 전법을 바꿀 수 있는 능력을 지니고 있다. 따라서 무성생식을 하는 생물로서는 어떤 시기의 위기를 한 번 모면했다 해서 앞으로도 계속 괜찮을 거라는 보증이 없다. 클론이기 때문에 생기는 최대의 불안은 이 점에 있다.

그래서 다소의 실패는 감수하고, 어떻게든 유전자를 섞어 자손에게 다양성을 주려는 번식 시스템이 생겼다. 이것이 성의 시작이다. 성은 바이러스를 비롯한 갖가지 천적들에 대한 대책으로 생긴 것이다.

그러면 다음으로, 왜 성은 세 개도 네 개도 아닌 두 개일까? 이에 관해서는 독일의 W. 뷔클러가 매우 복잡하지만 상당히 납득할 만한 설명을 하고 있으니 그것을 요약 인용하기로 하자.

일단, 성이란 지금까지의 설명과 같은 과정을 거쳐 생겨났다고 치자. 그렇지만 초기에는 저마다의 개체가 또 다른 개체와 유전자를 주고받기 위한 세포, 즉 생식세포의 크기가 일정하지 않았을 것이다. 아주 큰 것도 있고 조금 큰 것도 있다. 중간 크기의 것도 있고 조금 작은 것, 그리고 아주 작은 것이라는 식이었을 터이다(매우 모호한 표현이지만 뷔클러의 진의를 헤아려주기 바란다). 그런데 그 숫자는 당연히 크기에 좌우되기 마련이므로, 큰 것일수록 수가 적고 작은 것일수록 수는 많았을 것이다. 여기에 클수록 움직이기가 어렵고 작을수록 가뿐하게 돌아다닐 수 있다는 성질을 지녔음도 당연한 이치이다.

여기서 다양한 크기를 지닌 생식세포들의 만남에 관해 생각해보자. 큰 녀석은 당초에 수가 적은 데다가 별로 움직이지도 않으므로 큰 녀석끼리 만나는 경우는 거의 없다. 한편 작은 녀석들은 수도 많고 잘 움직이므로 빈번히 만나게 된다. 그 외에 큰 녀석과 작은 녀석, 큰 것과 중간, 중간과 중간, 중간과 작은 것 등의 조합이 있을 수 있지만, 만날 확률은 역시 작은 녀석과 작은 녀석이 가장 높다.

그런데 여기에 한 가지 중대한 문제가 생긴다. 설사 생식세포끼리 합체가 이루어지더라도 이후에 확실하게 생존하고 증식까지 할 수 있으려면 어느 정도 크기가 필요하다는 점이다. 그래서 작은 것과 작은 것, 작은 것과 중간 것의 조합은 크기의 요건을 충족시키지 못해 진화적으로 배제되고 만다. 큰 것과 중간, 중간과 중간의 조합은 생존하기에는 충분하다고 할 수 있지만, 유감스럽게도 만나게 될 빈도가 낮다는 불리함을 지닌다.

결국 남은 것은 극단적으로 크든가 극단적으로 작든가, 둘 중 하나가 된다. 생식세포의 양극 분화가 일어나는 것이다. 성이 세 개도 네 개도 아닌 것은 이런 이유 때문이다.

이리하여 오늘날 일반적으로 극단적으로 크고 수가 적으며 꼼짝도 하지 않는 생식세포는 난자라 불리며, 극단적으로 작고 수가 많으며 난자를 찾아 활발하게 돌아다니는 생식세포는 정자라 불리는 것이다(뷔클러의 설명은 여기까지. 이 이론은 컴퓨터 시뮬레이션에 의해 검증된 바 있다).

이렇게 보면, 정자란 난자를 둘러싸고 끊임없이 경쟁해야 한다는 것을 알 수 있다. 이는 동시에 난자가 넘쳐나는 경우는 없지만, 정자는 오로지 한 녀석을 빼고는 필시 남아돌 수밖에 없다는 사실을 의미한다. 뿐만이 아니다. 이 사실은 암컷을 둘러싼 수컷 간의 경쟁, 암컷은 좀처럼 퇴짜 맞지 않지만 수컷은 금세 퇴짜 맞는다는 동물계 보편의 문제에까지 영향을 미치고 있는 것이다.

멍청하니 있다가는 퇴짜 맞고 만다 – 이는 수컷이라는 성이 짊어진 숙명이다.

그러면 이야기를 물고기로 되돌리자. 물고기 중에는 가다랭이나 다랑어처럼 멋진 체구를 가지고 먼 바다를 유유히 돌아다니는 녀석들이 있다. 그러나 그들의 성은 유전적으로 고정되어 있으므로, 수컷으로 태어난 녀석은 일생을 수컷으로 살면서 좋든 싫든 간에 암컷을 둘러싸고 경쟁해야만 하는 운명을 가진다(훌륭한 체구란, 한편으로는 그 때문에 발달된 것이다). 평생을 퇴짜만 맞으며 사는 비참한 경우도 있을 수 있을 것이다.

그렇지만 성전환을 하는 물고기들은 어떠한가! 그들은 분명 바위 뒤편 같은 곳에서 소곤소곤 사는 겁쟁이 물고기들이다. 하지만 그들에게도 퇴짜 맞는 수컷 문제가 존재하겠는가.

성전환을 하는 물고기들에게, 나는 이런 의미에서 박
수를 쳐주고 싶다.

나는 찰스의 편이다

찰스 다윈의 사람 됨됨이에 관해 많은 연구가들은 절찬에 가까운 말을 하고 있다. 병과 싸우면서도 항상 최첨단의 연구를 하였고, 그러면서도 가족과 친구, 이웃을 위해 성의를 다했다. 무슨 일에나 면밀하고 자제심이 강했다. 정이 많아서 개를 때리고는 오래도록 슬퍼하고 산 지렁이를 바늘로 찌르는 짓조차 할 수 없었다…….

그렇지만 남들이 하는 말을 그냥 믿기만 해서는 안 된다. 또 너무 많은 사람들이 칭찬하는 경우에는 조금 의심해보는 편이 좋다. 평가는 스스로 내리는 것이 제일 바람직하다고 생각한 나는 최근 그의 저서 몇 권을 다시 읽어보았다(그래봤자 대충대충 읽은 정도. 어쨌든 그의 문장은 읽기가 어렵고, 한 권이 끔찍하게 길기 때문이다). 그런데 결론은 많은 연구가들과 거의 같았다. 다시 말해 그는 매우 소심했으며, 바보라는 말을 들을 정도로 정직한 사람이었다는 사실이다.

『종의 기원』에서는 자기 이론의 문제점과 그에 대한 검토를 위하여 상당한 분량을 할애하였고, 『비글호 항해기』에서는 재미를 줄이면서까지 사실을 정확히 기재하려고 노력했다. 좀 더 자신감을 가지고 자기 광고를 해도 좋지 않을까 하는 생각이 들 정도이다.

그런데 최근에 한 과학사(科學史) 관계의 책을 읽고, 놀랄 만한 주장을 한 사람이 있다는 사실을 알았다. 다윈을 심하게 비판하는 것으로, 대략 다음과 같은 내용이다.

다윈은 연구 이외의 일체의 일에서 도망치기 위해, 또 가족을 지배하기 위해 무의식 중에 병이라는 수단을 이용했다. 아내인 에마는 그의 신경을 건드리지 않으려고 조심조심 그를 대하며 항상 긴장을 강요당했다. 여자는 남자를 받들어야 한다는 것이 다윈의 사상으로, 에마는 간호사 겸 가정부화되었다. 그런 태도는 가족에 대해서도 마찬가지였다, 운운.

대략 눈치 챈 사람도 있겠지만, 이 사람은 여성운동가이다. 그리고 이 다윈 = 폭군설의 근거는 『인간의 유래』*라는 책에 있는 것 같다.

『인간의 유래』는 『종의 기원』에서 감히 다루지 못했던 인간의 문제에 다윈이 정면으로 맞붙은 책이다. 『종의 기원』은 1859년에 출판되었는데, 당초부터 세간의 맹렬한 비난을 받았다. 이유는, 이 책에 따르자면 인간은 다

---

*The Descent of Man, and Selection in Relation to Sex.

른 동물에서 파생된 존재라는 결론이 자연스럽게 도출되기 때문이다. 또한 그것은 「개개 생물의 종은 하느님이 창조하셨다」(창조론)든가, 「인간은 다른 동물과는 명백하게 다르다」는 등의 기독교의 근본사상과 완전히 대치되기 때문이다. 이와 관련하여, 나는 다윈의 병이 단순한 자율신경실조증이었다고 쓰기는 했지만, 사실은 조금 다르다고 생각한다. 즉, 그때까지의 과학적 상식에 너무나 어긋날 뿐 아니라 사회도덕에도 반대되는 엄청난 사상을 생각해내고 만 심약한 남자가 불안과 공포, 소외감 등에 눌려 어떤 종류의 신경증을 앓았던 것이다. 그의 증세는 신경증이 틀림없다.

그리고 12년 후인 1871년, 그는 한 번 더 용기를 내 말하지 않을 수 없다는 기분으로 『인간의 유래』를 출간했다. 그 내용은 확실히 대단하다. 전체 21장 중 19장에는 이런 부분이 있다.

「직감력이나 즉시 지각하는 능력, 혹은 모방성에서 여자가 남자보다 한층 우수하다는 사실은 일반적으로 인정되고 있는 내용이다. 그러나 이들 능력 중 적어도 어떤 것은 하등한 인종의 특징이기도 하다. 따라서 과거의 낮은 문화 상태의 특징이라는 얘기도 된다」

「여자가 남자와 똑같은 수준까지 따라오려면, 성인이 되기 직전에 정력과 끈기를 기르고 동시에 추진력과 상상력을 최고로 발휘하여야 한다. 만약 그것이 가능하다면, 그것을 완수한 여자는 그 자질을 주로 자신의 딸에게, 딸이 성인이 되었을 때에는 전달할 수 있을 것이다」

「한창 때의 남자들은 자신과 그 가족의 생활을 유지하기 위해 심한 경쟁을 하는 것이 일반적이다. 그 결과 남자의 심리적 능력, 나아가서는 현재 남녀 간에서 보이는 능력의 차이가 보존되며 때로는 그것이 한층 벌어지기도 한다」

너무 심했다. 현대에 이런 문장을 썼다면 그것이야말로 집중포화감이다. 애초에 출판이 되기도 전에 도태되고 말았을 것이다. 앞서 말한 여성운동가가 분개하는 것도 무리는 아니라 생각된다.

그러나 나는 어디까지나 찰스 다윈의 편이다(이런 인물은 두 번 다시 나오지 않는다. 또 바보스러울 만치 정직한 점이 좋다). 그로서는 최대한 과학적이고자 한 결과이며, 설명이 충분하지 못하고 차별적인 것은 유전학에 대해 아직 손을 대지 못한 19세기였기 때문이다(멘델은 1865년에 그 유명한 논문을 발표했지만, 논문은 학계로부터 무시당해 30년이나 지나도록 서류더미에 파묻혀 있었다. 그러는 동안에, 불행하게도 1882년에는 다윈이, 84년에는 멘델이 세상을 떠났다).

그래서 이 부분에 대해 조금 더 검토를 하고 싶다. 먼저 큰 오해가 두 가지 있다.

첫 번째는 획득형질이 유전된다고 생각하는 점이다. 「획득형질이 유전된다」는 것은, 예를 들면 바디빌딩으로 몸을 단련시켜 근골이 우람해진 남자가 몸을 그렇게 만든 뒤에 자식을 만들면 그 자식은 별 노력 없이도 상당히 근골 우람한 몸이 된다는 뜻이다. 이에 관해 사람들은 「그런 바보 같은 얘기가 어디 있냐」 하고 즉석에서 반응하겠지만, 세상에는 마치 「획득형질이 유전된다」고 착각하기 쉬운 현상도 많다.

기린의 목은 기린이 대대로 높은 나무의 가지에 목을 뻗어 잎을 먹었기 때문에 조금씩 길어졌다고밖에 볼 수 없고, 개구리와 캥거루의 뒷다리가 앞다리보다 발달한 것은 역시 그들이 대대로 열심히 껑충껑충 뛰었기 때문이라고밖에 생각할 수 없는 것이다. 결국 이런 생각은 19세기 말에 A. 바이스만이라는 사람에 의해 부정되었다. 즉 체세포와 생식세포는 별개이며, 아무리 근육을 만들고 목을 길게 늘려 본들 생식세포의 염색체에 변화가 일어나지 않으면 관계가 없는 것이다.

두 번째 오해는, 그「획득형질」이 아버지로부터 아들에게, 어머니로부터 딸에게 하는 식으로 동성의 루트로만 유전된다고 적당히 가정한 점이다. 이것도 그가 20세기 말까지 살아 있지 않았다면 몰랐을 사실이다.

다윈의 저서는 어느 것을 집어 보아도 선구적이고 유니크하다. 20세기 초반과 중반의 대다수 학자들이 오히려 길을 잃고 우왕좌왕하는 격이다. 그의 책이 지닌 약점은 유전에 관해 몰랐던 까닭에 유래한 것일 뿐으로, 그 점만 고친다면 20세기 최고 수준의 책이 될 수 있을 것이다.

여기서 마지막으로 공상 한 가지! 웨스트민스터 사원의 묘지에서 뉴턴 옆에 잠자고 있는 다윈을 지금 깨워 일으킨다면…….

먼저 그는 재빨리 유전학에 대해 공부하고, 시대의 변화 등에 대해서도 날카롭게 캐치할 것이다. 그리고 앞서의 문제 부분에 대한 수정도 서둘러 착수할 것이 틀림없다. 예를 들면 이런 식으로.

「남자와 여자를 비교해볼 때, 무엇보다 주목할 점은

남자 쪽의 능력에 편차가 크며 여자는 그것이 적다는 사실이다. 남자는 천재도 있지만 바보도 있다. 극악한 녀석이 있는가 하면 지나치게 호인인 사람도 있다. 여자는 적당한 범위 안에 안정되어 있어서 극단적인 예가 적다. 그 원인은 아무래도 성염색체에 있는 것 같다.

알려진 바와 같이, 인간은 22쌍의 상염색체와 한 쌍의 성염색체를 지니고 있다. 성염색체는 남자는 XY, 여자는 XX이다. Y는 남자라는 성에 관한 정보를 싣고 있는데, 남자는 이 Y 때문에 상대인 X를 고립시키고 나아가서는 변이의 폭을 크게 만드는 결과가 된다.

예를 들어, X상에 어떤 열성유전자가 실려 있다고 치자. 열성유전자는 보통 쌍이 되는 염색체 양쪽에 실려 있지 않으면 발현되지 않는데, 남자의 성염색체만은 달라서, 열성이라도 반드시 발현된다. 색맹이나 혈우병이 남자에게 많고 여자에게 적은 것은 그 때문이며, 남자의 극단적인 능력은 대개 이것으로 설명이 가능하다.

더 나아가, 우리들은 또 한 가지 매우 중대한 사실에 착안하지 않으면 안 된다. 그것은 남자의 X는 반드시 그의 모친에게서 유래한다는 사실이다. 생각해보면 당연한 이야기인데, 남자는 남자가 되기 위해 부친에게서 Y

를 이어받는다. 그 때문에 이보다 중대한 쪽인 성염색체
는 자연히 모친에게서 이어받게 된다. 이는 인간에게 있
어서 모친에서 자식으로 이어지는 유전적 루트가 매우
중요하다는 사실을 시사한다」

찰스 다윈은 다소 어색해하며 다음과 같은 보충설명
을 덧붙일지도 모른다.

「그리고 이건 제 얘기인데요, 제 성염색체의 X는 웨지
우드 집안에서 유래한 것입니다. 아시다시피 웨지우드
는 영국의 도자기 메이커의 이름인데, 그 회사는 제 외
할아버지가 세운 거죠. 어머니는 두 개의 X를 온전하게
할아버지에게서 물려받았고, 제 X는 그 어머니의 두 X
의 혼합형과 같은 것입니다. 잘 생각해보면, 그것은 제
가 그 위대한 외할아버지로부터 상상 이상의 것을 이어
받았다는 사실을 의미합니다. 격세유전이라 불리는 현
상이 이런 것을 가리키는 것일지도 모르겠습니다. 다윈
집안은 확실히 우수한 가계이지만, 성염색체에 한해서
말하면 제게 Y를 제공한 것에 불과합니다. 또 저는 최근
들어 한층 다른 의미에서 웨지우드 혈통의 사람이라는
인식을 가지게 되었습니다. 소년 시절에 어머니는 제게
말을 가르치고 노래를 들려주고 사물을 생각하는 법과

가치관 같은 것을 넌지시 가르쳐주셨습니다. 제가 새로운 것을 좋아하고 모험을 좋아하게 된 것도 다름 아닌 어머니의 영향이라 생각됩니다. 인간은 유전적으로는 대개 아버지, 어머니 반반의 구조를 가지지만, 이처럼 유전 이외의 부분에 착안해서 본다면 여자가 완전한 주도권을 쥔 보기 드문 생명체라 할 수 있을 것입니다」

후기를 대신하여

남자를 공포의 구렁텅이에 빠뜨리는 대머리 - 그 진상을 파헤친다

남자는 왜 머리가 벗겨질까 — 뭇 중년 남자들을 공포의 구렁텅이에 빠뜨리는, 이 오래되고도 새로운 문제. 복장이나 몸매에는 전혀 관심이 없으며 멋이라고는 모르는 남자조차 머리카락에 대해서만큼은 문제가 다른 것 같다. 아침에는 베개 점검. 잠자는 사이에 또 빠졌나 하면서 어깨를 털고 세면대로. 머리를 빗어 조심조심 노출된 두피를 몇 가닥의 머리카락으로 덮어 가린다. 그리고 출근. 빌딩 사이에서 몰아치는 골바람이나 돌풍에도 주의를 기울여야 한다. 까딱하면 얼마 되지 않는 옆머리를 끌어당겨 정성껏 덮은 정수리가 비참한 꼴이 될 수도……

이런 모습을 굳이 지적하는 나를 보고 혹 대머리 남자에 대해 한을 품을 특별한 이유라도 있느냐고 생각할지도 모르겠다. 물론 어떤 원한도 없다. 다만 친하게 사귀고 싶지 않다는 생각을 가지고 있을 따름이다.

사실 일부의 예외적 취향을 가진 사람을 제외한다면, 여자들은 보통 생리적으로 대머리 남자를 좋아하지 않는다. 대머리는 여자를 손에 넣으려는 남자에게 있어서 결정적으로 불리한 요인이다. 그렇다면, 그런 대머리 남성은, 그 단점을 뛰어넘을 정도로 엄청나게 매력적인 성질을 지니고 있거나, 그것이 아니면 현재까지 자손을 남기는 경쟁에서 패하고 말았어야 한다. 그럼에도 불구하고 대머리는 여전히 높은 비율로 존재한다. 더구나 그것이 거의 유전적으로 결정된다고 하지 않는가. 대머리라는 것에 여자에게 인기가 없다는 결점을 보완하고도 남을, 뭔가 적극적인 의미가 있지 않겠느냐는 예감이 드는 것이다.

그런데 남자의 머리가 왜 벗겨지는지를 생각하기 전에 필히 주목해야 할 부분이 있다. 하나는 인간이 왜 '벌거벗은 원숭이'가 되었는가 하는 점. 또 하나는 털이 두발과 특별한 몇 군데에만 제한적으로 남아 있는 것은 왜일까 하는 점이다.

전자에 대해서는 실로 많은 사람들이 다양한 설을 제

창하고 있지만, 아직까지 결정타가 될 만한 것은 나오지 않고 있다. 그저 가장 폭넓은 지지를 받는 것이 체온조절과의 관련에 주목한 설이다.

인간의 선조는 사냥을 하게 되면서 비로소 지속적이고 격심한 운동을 경험하게 된다. 그리고 종래 헐떡거림으로써 체온을 떨어뜨리던 시스템에서 땀을 냄으로써 급속하게 몸을 식히는 시스템의 발달을 촉진시켰다. 그러기 위해서는 체모가 가능한 한 짧아져야 할 필요가 있었다는 것이다. 하지만 이 설에는 치명적인 약점이 있다. 사냥을 하는 것은 남자 쪽이니, 남자야말로 여자 이상으로 벌거벗은 원숭이가 되어야 마땅하다. 그런데 실제로는 여자들이 남자에 비해 적다. 이 설도 그다지 시원치 않은 것이다. 그래서 나도 한 가지 가설을 생각해보았는데, 지금 당장 설명하고 싶기는 하지만 귀중한 페이지를 그 때문에 낭비할 수는 없는 일이다. 상세한 것은 『악어는 어떻게 서로 사랑을 속삭일까』에 썼으니 참조해주기 바란다.

다음으로, 머리와 다른 특별한 곳에만 털이 남은 것은 왜일까? '특별한' 위치의 털은 냄새에 관련된 역할을 가지고 있다고 한다. 그 털이 남은 부분에서 풍기는 냄새는 우리의 선조 원숭이들이 성적 교섭을 나누는 데 있어 중요한 연출 효과를 가지고 있었다. 털은 냄새를 모아두기 위해 남겨진 것이다. 그렇다고 해도 머리카락은 느낌이 좀 다르다. 털이 난 상태도 치밀하고 털의 질도 다르다. 아름다운 머리카락은 이내 만지고 싶어지는데, 실은 이 점에 중요한 힌트가 숨겨져 있다.

우리의 선조 원숭이들은 자주 서로의 털을 손질해주었다. 그것은 서로의 몸을 청결하게 유지하기 위함이었지만 다른 한편으로는 상대와 친밀한 관계를 맺으려는, 혹은 그 사실을 확인하기 위함이기도 했다. 털 손질은 많은 개체들이 모여 사회를 만들고 생활해가기 위한 커뮤니케이션 수단으로서 중요했던 것이다. 따라서 우리 선조도 벌거벗은 원숭이가 되는 과정에서 몸 어딘가에 털 손질용 털을 남겨둘 필요가 있었다. 그렇다면 그 장소는 스스로 털 손질을 할 수 있는 위치보다는 남이 해줄 수밖에 없는 위치가 보다 효과적일 것이다. 머리카락은 확실히 그런 위치에 있다.

그렇게 생각해보면, 승려와 비구니가 삭발하는 의미도 잘 알 수 있다. 그들의 반질반질한 머리는 「우리는 머리카락이 없습니다. 그러니 누구와도 털 손질 관계가 될 생각이 없습니다」라는 의미를 널리 세간에 어필하고 있는 것이다.

이제 드디어 본론이다. 그 털 손질을 위한 털이 일정 연령에 달한 일부 남자에게서만 빠지기 시작하는 것은 도대체 어떤 이유에서일까? 그런 남자들은 왜 스스로를 털 손질이 곤란한 상태로 만들지 않으면 안 되는 것일까?

남성호르몬이 많은 남자는 머리가 쉽게 벗겨지는 경향이 있다는 사실이 하나의 힌트가 될지도 모른다. 이는 「성적으로 활동적인 남성은 머리가 벗겨지기 쉽다」라고 바꿔 말할 수도 있을 것이다.

우리 선조는 과실이나 나무열매 등을 채식하면서 떠돌이 생활을 하는 영장류의 전통적인 생활양식을 버렸다. 대신에 한 곳에 정착하여 남자가 사냥을 하러 가 사냥감을 처자식이 있는 곳으로 가지고 돌아온다는 획기적인 생활 패턴을 갖기 시작하였다. 그로 인해 여자는 짧은 간격으로 잇달아 아이를 낳게 되었다. 그런 생활 속에서 생긴 중대한 문제 중 하나는 성적으로 액티브한 남자는 자신의 부양능력 이상으로 자식을 너무 많이 만들어버린다는 것이었다.

그런 남자가 있는 대로 여자에게 자식을 낳게 만들다 보면 자연히 감당할 수 없는 무거운 짐을 짊어지게 된다. 어떻게든지 자식 만들기에 브레이크를 걸어주어야만 한다.

그래서 머리카락 모근 부근의 세포들이 그 역할을 맡고 나선 것이다. 남자의 머리카락이 빠져준다면 아내와의 털 손질에 의한 상호관계는 붕괴되기 시작한다. 그것은 당연히 아내뿐 아니라 여러 다른 여자들과도 그렇게 되어버린다고 할 수 있는데, 이로써 그는 자신의 의지와는 관계없이 「털 손질 관계의 포기」를 선언해버리는 셈이 된다. 결국 그의 자식 만들기 활동은 브레이크가 걸리고, 그 덕분에 이미 세상에 태어난 자식의 성장은 보장된다. 대국적으로 보자면 그는 되도록 많은 자식을 다음 세대에 남길 수 있는 방법을 선택한 것이다. 이렇게 해서 대머리의 유전자는 여자들의 대머리에 대한 심각한 혐오에도 불구하고, 아니 바로 그 심한 혐오가 있기 때문에 확실하게 자식에게 이어져 내려온 것이다(이 패러독스에 주의할 것!).

한편 성적으로 그다지 액티브하지 않은 남자에 대해서는 어떠할까? 그는 자식을 지나치게 많이 남길 위험성이 적으므로 그런 제어시스템이 작동할 필요가 없다. 그렇다면 그는 느낌 좋은 아저씨로서 젊은 여자 사이에서도 계속 인기를 유지할 수 있지 않을까?

머리카락 모근 부근의 세포들은 혈액 중의 남성호르몬 농도를 모니터한다. 어느 정도 나이를 먹었는데도 그것이 필요 이상으로 높을 때에는 주인님의 두피가 털에 대해 '손을 놓기' 시작하는 것 같다. 문제는, 이 세포라는 녀석이 주인님의 현재 자녀 수나 부양 능력에 대해 정확한 정보를 파악하고 있기는커녕 기혼이냐 미혼이냐 하는 가장 중요한 점에 대해서도 무지하다는 사실이다. 결혼도 하지 않았는데 벌써 상당히 위험한 수준에 다다른 남자를 나는 수많이 알고 있다.

그런데 여러분 중에서 「난 꽤 나이가 들었지만 정력에 대해서는 아직 절대적인 자신이 있다. 그렇지만 대머리가 아니란 말이야」 하고 내심 이의를 제기하는 분도 있을지 모르겠다. 분명 그런 남자도 진화의 결과라고 생각한다. 왜냐하면 남자란 반드시 자기 자식을 키울 필요가 없기 때문이다. 예를 들어, 여기저기서 교묘하게 여자를 꼬여서 자식을 낳게 만든 다음에 도망치는 전략도 통하는 것이다. 부양의무가 없는 자식을 만들어 뿌리는 전략이라면 대머리가 될 필요 따위가 전혀 없다. 아마도 이의를 제기하는 분은, 아무 여자나 좋아하는 것이 옥에 티이기는 하지만 여자와 잘 친해지고 재치 있는 대화를 나눌 수도 있는 – 그런 꽤 멋진 중년남성이 아닐까 하고 생각되는데, 실제로는 어떠신지?

어쨌거나, 내가 얻은 결론은 다음과 같다. 「중년이 되어도 정력이 강하지만 무책임한 번식 전략에는 별로 능숙하지 못한 남자는, 자신에게 부양의무가 있는 자식들의 생존을 보장하기 위해서 여자들에게 미움을 받아야만 한다. 대머리는 그러기 위한 수단이다」

그렇다 해도, 피임법이 확립된 현대가 되었으니 대머리가 아니라고 해도 자식 만들기를 제어할 수 있다는 점을 유전자가 눈치 채주지 않을까? 세상에서 대머리 유전자가 사라지는 날이 하루라도 빨리 오기를 바라 마지않는다.

해설을 대신하여

실증과 해석

하야시 노조무(도쿄예술대학 교수)

　세상에 학문이라는 것에 대해 잘 모르는 사람이 많다는 것은 어쩔 수 없는 사실일지도 모르겠지만, 그중에서도 가장 이해가 부족한 부분은, 학문이라고 하면 왠지 「진실」을 밝히는 마법의 열쇠인 양 환상을 품은 사람(심지어 학자 중에도)이 많다는 사실이다.

　절대적인 진실 같은 것은 모순으로 가득 찬 이 현실 세계에 있을 리 없다.

　그러면 실증이란 무엇인가.

　통상, 「실증」이라는 것은 다음과 같은 수순의 총합을 말한다.

　먼저 어떤 사람이 세상의 「무언가」를 관찰하고 「이게 도대체 뭐지?」라든가, 「음, 이건 이상하군!」 하는 감상을 품는다. 그 다음으로, 「어찌 된 일일까?」라든가, 「그것은 왜 그럴까?」 하고 궁리한다. 거기까지는 누구나 잘 아는

이치일 터이다. 아이들의 「과학 관찰일기」나 여름방학
숙제 같은 것도 대개 그러한 동기와 방법에서 나온다는
것은 누구나 아는 일이다.

그러나 학문쯤 되면 그런 수준에서 끝날 수 없다. 우
연히 발견한 「뭐냐?」 하는 문제에 대해, 그 문제가 정말
문제인지 아닌지, 우선 그것부터 문제가 된다.

여기 한 사람의 아저씨가 있다고 치자. 이 아저씨는
밥을 먹고 포만감을 느끼면 눈썹 옆을 북북 긁는 버릇이
있다고 하자. 그에 대하여 「왜 그럴까?」라고 생각해보았
자 그것에 무슨 의미가 있을 리 없다. 그저 그 아저씨의
개인적인 버릇에 지나지 않기 때문이다.

그런데 여기 또 삐딱한 사람이 있어서 식당에서 가만
히 손님들의 행동을 관찰했다고 치자.

그리고 손님인 아저씨 A가 포만상태에서 이쑤시개를
사용해 이를 쑤신 뒤에 곧바로 「스으 스읍」 하고 이빨 사
이로 공기를 들이마시며 마찰음을 내는 행동을 발견했
다고 하자.

여기까지는 눈썹을 문지르는 행동과 그 현상적 의미
는 똑같다.

그러나 이어서 그곳에 아저씨 B가 나타나 역시 똑같

이 식후에 이쑤시개로 이를 쑤시고 또 「스으 스읍」 하는 소리를 냈다. 거기다 또 다른 아저씨 C가 와서는 이를 쑤시고 「스으 스읍」 하며 공기를 내셨다 들이마셨다 했다. 여기까지 지켜보고 있자면, 거기서 문득 문제점이 나타난다.

　일본인, 특히 중년 이후의 남자들은 식후에 만족감을 느끼면 이쑤시개로 이를 쑤시고 이 사이로 마찰음을 낸다는 행동 형태를 발견하는 셈이 되는 것이다. 왜 그런 행동을 하는 것일까?

　이때 비로소 현상적으로는 의미의 차이가 없었던 「눈썹을 문지른다」라는 동작과 「이를 쑤시고 소리를 낸다」는 행동 사이에 그것을 문제로 삼을 수 있느냐 없느냐는 차이가 생긴다.

　이렇게 해서 한 사회에 공통된 행동양식을 잘 관찰 분석하여 몇 개의 요소로 나누고, 그 요소들을 지배하는 원리를 추측하여, 「혹시 이것은 이런 이유에서가 아닐까」라고 하나의 「가설」을 만든다. 그것을 사회학적으로 구축하는 경우도 있을 것이고 의학적, 위생학적으로 연구하는 경우도 가능할 것이다. 또는 그 원인이 되는 역사에 생각이 미치는 사람도 있을 수 있으며, 틀림없이 민속종교적 의미를 부여하고 싶어하는 사람들도 있을 것이다. 다시 말해, 똑같은 현상을 앞에 두고서도 거기에 상정되는 가설은 결코 하나가 아니라는 말이다.

하여간 그런 가설은 실증을 위한 목표가 되는데, 이런 것을 「작업가설(作業假說)」이라 한다.

이리하여 가설이 생기면, 다음 수순은 그 가설이 어떠한 경우에도 옳은지 아닌지를 「확인」해야 한다.

이를 「검증」이라 하며, 가설에 의해 사실을 '설명'할 수 있을 때 그것을 「실증」이라 한다(이는 똑같은 현상을 두고서도 「실증」되는 사항 또한 하나가 아니라는 것을 의미).

그렇지만 모든 일이 내 뜻대로만 되지 않는 것이 세상일. 계속하여 상세히 관찰을 하다 보면 같은 식당에 찾아온 아저씨라도 이를 전혀 쑤시지도 않거니와 소리도 내지 않는 사람이 발견될 것이다. 소리만 내는 사람도 있을 터이고, 이를 쑤시기만 하는 사람도 당연히 있을 것이다. 아저씨라고는 해도 서양 아저씨들은 그런 행동을 하지 않을 것이고, 30세 즈음의 어정쩡한 나이의 남자들도 그렇게 할지 어떨지 모를 일이다. 이쑤시개의 종류에 따라 사람들의 행동이 달라질 가능성도 있다. 예를 들어 영국에서 「이쑤시개(tooth pick)」라는 것은 통상 플라스틱의 가는 튜브의 끝만 비스듬하게 깎은(죽창처럼) 것이다. 흐늘흐늘하기 때문에 정말 쓰기 힘들다. 적어도 나라면 영국 이쑤시개는 사용하지 않을 것이다. 나아가서 아저씨의 신분계층, 혹은 교양의 정도 등에 따라서도 그 행동양식이 똑같지는 않을 것이 틀림없다.

그럼, 이러한 예외(처럼 보이는 것)에 대해 그것을 가설적 원리에 대한 하나의 예외로 봐야 할 것인가, 아니면 원래 그 원리가 성립하지 않음을 의미한다고 봐야 할 것인가. 여기에서 또 새로운 문제에 부딪치게 된다.

이 실증이라는 것을 주의 깊게 살펴보면, 애초에 무수히 존재하며 더구나 연속적으로 변이하는 현실세계의 사상(事象)에 관한 「하나의 해석」이 「가설」인 것이며, 그 가설로 현실을 「설명」하는 것이 「검증」이며, 그 예외를 어떻게 바라볼까 하는 것 또한 명백한 「해석」이라고 단정할 수 있다.

이와같이, 결국 현실에 대한 「관찰」과 「해석」의 총합이 「실증」이라 할 수 있다. 「절대적 진실」의 발견을 의미하지는 않는 것이다.

예를 들어, 이 책 속에서 작가는 동성애자에 대해 이

렇게 기술하고 있다.

「……동성애자가 서양인 중에 많고 동양인에게서는 적은 경향이 있다는 점, 여자 동성애자가 남자의 경우에 비해 훨씬 적다는 사실 등등. 이러한 사실의 면면을 종합해보면 아무래도 '전략'의 냄새가 감도는 것 같다」

그렇지만 남성동성애자, 이른바 호모에 대해 말하자면, 다른 나라는 어떤지 몰라도 일본은 어떤 특정 시대에 한해서만큼은 세계에서 제일가는 호모 왕국이었다. 다시 말해 에도시대에는 「색(色)은 두 가지」라는 말이 있었는데, 이 「두 가지」란 「여색」과 「남색」의 두 가지를 의미했다. 즉 진정한 「호색가」가 되기 위해서는 여자만으로는 불충분하고, 동성애의 소질과 행동까지 겸비해야 한다는 말이다. 그러나 이러한 상황은 에도시대 전기까지는 두드러졌지만, 이후에 차츰 그 현상이 줄어들었다. 사실 동성애적 성행동이 가장 번성하고 사회적으로도 인정된(그것이 도덕적인 행동이라고까지 여겨졌던) 때는 다름 아닌 전국시대*였다. 에도시대의 겐로꾸** 이전

*15세기 중반에서 16세기 후반에 걸쳐 일본 각처에서 군웅들이 할거하던 시대로, 에도시대의 전 시대.
**1688년~1704년 사이의 일본 연호.

에 남색이 성행했던 것은, 말하자면 전국시대가 남긴 흐름이었다고 해석해도 무리가 없으리라 생각한다.

또한 저자는 남성동성애의 이유로서 「네오테니」라는 설을 소개하면서, 「그런데 남성동성애가 서양인에 많고 동양인에 적다는 경향은 이 설과 모순된다. 오히려 동양인 쪽이 훨씬 네오테니적인 인종이기 때문이다」라고 말하면서 이 우수한 학설을 지지하기를 망설인다고 했는데, 그러한 발상이 가능한 배경에는 적어도 일본의 한 시대에는 남성동성애 = 네오테니설이 모순 없이 검증된다는 사실이 있는 것이다.

고전문학의 세계를 살펴보면, 일본인만큼 남자가 잘 우는 민족도 없다. 어쨌거나 고전의 세계에서 「미남」의 조건을 뽑아보면,

1. 작은 남자(키가 작다)
2. 약하다(근골의 미발달)
3. 털이 많지 않다(여성적 피부)
4. 풍부한 머리카락
5. 주체성의 결여
6. 금세 우는 감수성

이는 결코 농담이나 꾸며낸 이야기가 아니다. 히카리 겐지*나, 『이세모노가타리』**의 주인공 등, 그 실례는 너무 많아서 헤아릴 수가 없다.

그렇게 세계적으로 가장 네오테니적 민족인 일본인에게 그것도 전국시대라는 시대에 남성동성애자가 절대적으로 많았다는 사실은 다시 말해「동성애 = 네오테니설」과「호르몬설」양쪽을 가장 잘 설명해주는 것이라고 할 수 있다.

그랬던 것이 평화로운, 그러나「남성적인」시대인 에도시대가 되면 차츰 남성동성애적 풍토는 풍화되고, 이윽고 전과 같은 유녀(遊女)문화 시대가 나타난다. 에도시대라는 시대는, 지금으로서는 상상조차 할 수 없을 정도로 다양하고 방대한 수의 유녀(또는 이에 비견되는 매춘부 혹은 매춘부처럼 생활하는 여자)가 활약하던 시대였다. 그것은 중국적인 봉건도덕을 채용하여 적어도 사회의 표층에서는 일본인이 네오테니적인 성질을 극복하고 있었던 시대라고 할 수도 있고, 혹은 전쟁이 없음으

---

*11세기 초 장편연애소설 '겐지모노가타리'의 바람둥이 주인공.
**고전시집. 작자, 성립시기 미상.

로 인한 「호르몬의 평화」를 가정할 수도 있겠다. 이상이 남성동성애에 관한 나의 '해석'이다.

학문적으로 옳다는 것은 곧 전술한 절차를 거쳐 「실증」될 수 있음을 뜻하기는 하지만, 그것은 어디까지나 「해석」이라는 점을 벗어날 수 없다. 때문에 나머지는 용의주도한 사례를 얼마나 많이 준비하여 알기 쉬운 말로 사람을 설득하느냐에 달려 있다(어렵고 이해하기 힘든 말을 하는 것이 학문적이라고 생각하는 사람이 적지 않은데, 그것은 일종의 소아병적 태도라고 보면 된다). 극단적으로 말하자면, 읽은 사람이 「하하, 그럴듯한데」, 「음, 정말 그렇군」 하고 생각하게 만들면 그것으로 훌륭히 「실증되었다」고 할 수 있는 것이다. 이해가 되는지?

나는 유전자에 대한 학문을 잘은 모른다. 그러나 내 자식을 면밀히 관찰하면서 아이 하나하나가 나와 아내와의 유전자를 모자이크처럼 조합하여 지니고 있다는 사실을 실감하고 있다. 그 모자이크는 또한 나와 아내의 양친이 지닌 유전자의 모자이크이기도 하다. 그리고 우리 부모들의 모자이크는 또 그 위 부모들 유전자의 모자이크이다……. 이러한 식으로 조상을 거슬러 올라가다 보면 나는 나 자신의 존재라는 것은, 단적으로 말하자면, 선조의 의지의 유전이라고 생각하지 않을 수가 없다. 얼핏 개인적인 소질이나 노력의 결집처럼 보이는 현실의 다양함이 어쩌면 모두 선조에게서 물려받은 유전이 아닐까 하고 보이는 것이다.

그것을 나는 「조상주의」라는 원시 민속종교적인 용어로 해석한다.

하지만 그것을 이 책의 저자와 같은 동물행동학자가 보면 「이기적 유전자」의 의지라고 해석할 것이다.

요컨대 어느 쪽이든 말이 된다는 뜻이다.

나는 전에도 다케우치 씨의 저서를 몇 권이나 읽었지만, 이 정도로 재미난 책은 흔치 않다고 생각한다. 그 내용에 대해 나무만 봤지 숲은 보지 못하고 있는 것 아니냐는 반론도 없지는 않겠지만, 그런 말은 조금도 문제가 되지 않는다. 이러니저러니 해도 그 내용은 복잡기괴한 현실에 대해 동물행동학적인 「하나의 해석」이라는 점에서만큼은 이미 충분히 실증적인 것이고, 그 논술에 있어서 「이거 재밌네. 머리가 번쩍하는걸」 하는 생각이 들게 만들었다면, 그것을 학문적 진실이라고 해도 전혀 지장이 없는 것이다.

거기에 장황하고 따분한 반증을 들이대며 어른스럽지

못하게 비판하는 것은, 사실 잘못이다.

어차피 기독교 신학도들은 다윈의 학설 같은 것은 인정하지 않고 있으며, 갈릴레오의 지동설도 중세 기독교적 관점에서 보았을 때는 범죄적일 정도로 잘못된 견해였다. 그 어느 쪽이든 상대적으로 「그렇다」고 믿게끔 만드는 「해석」에 지나지 않는 것이다.

이 책은 다케우치 씨 나름의 해석으로 가득한 책이지만, 그 뿌리는 영국의 이론적 동물행동학자인 리처드 도킨스가 주창한 「이기적 유전자」설을 따르고 있다.

이것을 인정할지 말지는 각자의 자유이다.

도킨스나, 다케우치나, 히다카 도시타카와 같은 학자들의 학설을 보면서 「재미있군, 굉장한걸」 하고 나는 감탄한다. 그것만으로도 이 책은 내게 있어 충분한 의미가 있다. 그것은 다케우치 씨가 학자로서는 보기 드물게 명석한 문장가이기 때문이다. 읽게 만들고 설득해버리는 문장력, 그것은 말할 것도 없이 「실증」에서 빠질 수 없는 부분이다.

그렇게 하여 절대적인 진실이냐 아니냐 하는 것은 끝내 참견하지 않는 것이다.(끝)

지은이

다케우치 구미코(竹内久美子) _ 1956년 일본 아이치 현 출생. 교토대학 이학부 및 동 대학원 박사과정을 거쳐 해박한 지식에 특유의 시각을 얹은 다양한 집필 활동으로 인기를 누리고 있다. 전공은 동물행동학이며, 『그런 말도 안 되는!』으로 고단샤(講談社) 출판문화상 과학출판상을 수상하기도 했다.

옮긴이

조원준 _ 1971년 서울 출생. 경희대학교 신문방송학과 졸업. 외국계 광고회사인 「다이아몬드 베이츠」 등을 거쳐, 현재 「하쿠호도 제일」에서 마케팅을 담당하면서 틈틈이 전공을 살린 번역 작품을 내고 있다. 번역서로는 『할리우드 비즈니스』 등.

일러스트 _ **Huns Lee** (http://www.hunsclub.com)

대머리가 두려운 남자, 주름살이 무서운 여자

초판 1쇄 발행 2004년 9월 25일

지은이 다케우치 구미코
옮긴이 조원준
일러스트 Huns Lee
디자인 조희정
편집 윤남희
영업 최진호
기획 윤덕주
발행 (주)엔북

(주)엔북

우)121-829 서울 마포구 상수동 341-9 보림빌딩 B동 4층
http://www.nbook.seoul.kr
전화 02-334-6721~2
팩스 02-332-6720
메일 goodbook@nbook.seoul.kr

신고 제 300-2003-161
ISBN 89-89683-31-9 03470

값 8,900원